大数据与人工智能技术丛书

云计算与大数据技术

◎ 吕云翔 钟巧灵 张璐 王佳玮 编著

U0213556

清华大学出版社

北京

内 容 简 介

本书在阐述云计算和大数据关系的基础上,介绍了云计算和大数据的基本概念、技术及应用。全书内容如下:第1~4章讲述云计算的概念和原理,包括云计算的概论、基础、虚拟化、应用;第5~8章讲述大数据概述及基础,包括大数据概念和发展背景、大数据系统架构概述、分布式通信与协同、大数据存储;第9~13章讲述大数据处理,包括分布式处理、Hadoop MapReduce 解析、Spark 解析、流计算、集群资源管理与调度;第14章讲述综合实践(在 OpenStack 平台上搭建 Hadoop 并进行数据分析)。

本书结合实际应用及实践过程来讲解相关概念、原理和技术,实用性较强。适合作为本科院校计算机、云计算、大数据及信息管理等相关专业的教材,也适合计算机爱好者阅读和参考。

本书封面贴有清华大学出版社防伪标签,无标签者不得销售。

版权所有,侵权必究。 举报:010-62782989,beiqinquan@tup.tsinghua.edu.cn。

图书在版编目(CIP)数据

云计算与大数据技术/吕云翔等编著.—北京:清华大学出版社,2018(2022.1重印)
(大数据与人工智能技术丛书)
ISBN 978-7-302-50146-6

Ⅰ.①云… Ⅱ.①吕… Ⅲ.①云计算-高等学校-教材 ②数据处理-高等学校-教材
Ⅳ.①TP393.027 ②TP274

中国版本图书馆 CIP 数据核字(2018)第 112363 号

策划编辑:魏江江
责任编辑:王冰飞
封面设计:刘 键
责任校对:时翠兰
责任印制:杨 艳

出版发行:清华大学出版社
　　　网　　　址:http://www.tup.com.cn,http://www.wqbook.com
　　　地　　　址:北京清华大学学研大厦 A 座　　　　　邮　　编:100084
　　　社 总 机:010-62770175　　　　　　　　　　　　邮　　购:010-83470235
　　　投稿与读者服务:010-62776969,c-service@tup.tsinghua.edu.cn
　　　质量反馈:010-62772015,zhiliang@tup.tsinghua.edu.cn
　　　课件下载:http://www.tup.com.cn,010-83470236

印 装 者:北京嘉实印刷有限公司
经　　销:全国新华书店
开　　本:185mm×260mm　　　印　张:11.75　　　字　　数:285 千字
版　　次:2018 年 10 月第 1 版　　　　　　　　　印　　次:2022 年 1 月第 7 次印刷
印　　数:10301~12300
定　　价:35.00 元

产品编号:065820-01

前言

FOREWORD

从过去的几十年以来,计算机技术的进步和互联网的发展极大地改变了人们的工作和生活方式。计算模式也经历了从最初的把任务集中交付给大型处理机到基于网络的分布式任务处理再到目前的按需处理的云计算方式的极大改变。自2006年亚马逊公司推出弹性计算云(EC2)服务让中小型企业能够按照自己的需要购买亚马逊数据中心的计算能力后,云计算的时代就此正式来临,"云计算"的概念随之由Google公司于同年提出,其本质是给用户提供像传统的电、水、煤气一样的按需计算的网络服务,是一种新型的计算使用方式。它以用户为中心,使互联网成为每一个用户的数据中心和计算中心。

互联网技术不断发展,各种技术不断涌现,其中大数据技术已成为一颗闪耀的新星。我们已经处于数据世界,互联网每天产生大量的数据,利用好这些数据可以给我们的生活带来巨大的变化以及提供极大的便利。目前大数据技术受到越来越多的机构重视,因为大数据技术可以创造出巨大的利润,其中典型代表是个性化推荐以及大数据精准营销。

本书的各章内容如下:第1~4章讲述云计算的概念和原理,包括云计算的概论、基础、虚拟化、应用;第5~8章讲述大数据概述及基础,包括大数据概念和发展背景、大数据系统架构概述、分布式通信与协同、大数据存储;第9~13章讲述大数据处理,包括分布式处理、Hadoop MapReduce解析、Spark解析、流计算、集群资源管理与调度;第14章讲述综合实践(在OpenStack平台上搭建Hadoop并进行数据分析)。

本书对云计算和大数据的概念和基础讲解详细,力求通过实例进行描述,并可通过综合实践篇章将理论联系实际,适合计算机相关专业的读者,以及计算机爱好者阅读和参考。本书的作者为吕云翔、钟巧灵、张璐、王佳玮,另外,曾洪立、吕彼佳、姜彦华进行了素材整理及配套资源制作等。

在本书的编写过程中,我们尽量做到仔细认真,但由于我们的水平有限,书中还是可能会出现一些疏漏与不妥之处,在此非常欢迎广大读者进行批评指正。同时也希望广大读者可以将自己读书学习的心得体会反馈给我们(yunxianglu@hotmail.com)。

作 者

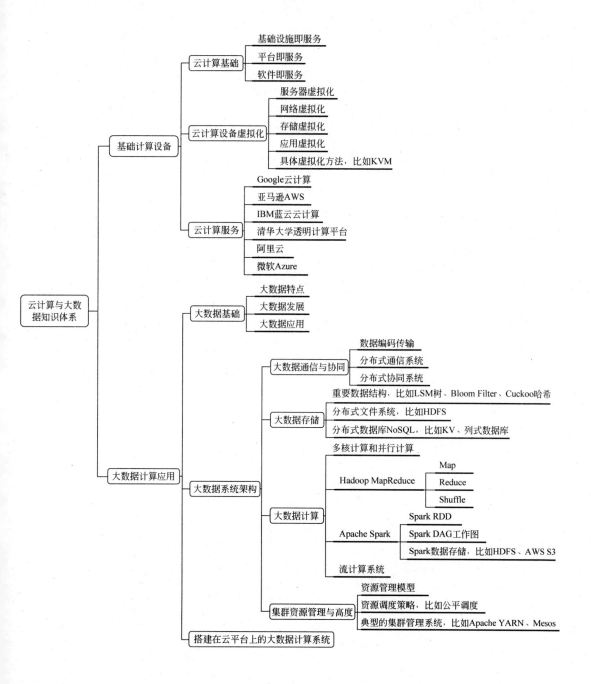

CONTENTS 目 录

第 *1* 章

云计算概论

本章介绍云计算的定义,旨在让读者对云计算有一个宏观的概念,然后介绍云计算的产生背景,接着介绍云计算的发展历史。通过本章的学习,读者将对云计算有一个初步的认识。

1.1 什么是云计算

云计算(Cloud Computing)是基于互联网的相关服务的增加、使用和交付模式,通常涉及通过互联网来提供动态易扩展且经常是虚拟化的资源。云是网络、互联网的一种比喻说法。过去往往用云来表示电信网,后来也用来表示互联网和底层基础设施的抽象。因此,云计算甚至可以让人们体验每秒 10 万亿次的运算能力,拥有这么强大的计算能力可以模拟核爆炸、预测气候变化和市场发展趋势。用户可通过计算机、笔记本、手机等方式接入数据中心,按自己的需求进行运算。

对云计算的定义有多种说法。对于到底什么是云计算,至少可以找到 100 种解释。现阶段广为接受的是美国国家标准与技术研究院(NIST)的定义:云计算是一种按使用量付费的模式,这种模式提供可用的、便捷的、按需的网络访问,进入可配置的计算资源共享池(资源包括网络、服务器、存储、应用软件、服务),这些资源能够被快速提供,只需投入很少的管理工作,或与服务供应商进行很少的交互。

1.2 云计算的产生背景

云计算是继 20 世纪 80 年代大型计算机到客户/服务器的大转变之后的又一种巨变。
云计算是分布式计算(Distributed Computing)、并行计算(Parallel Computing)、效用

计算（Utility Computing）、网络存储（Network Storage Technologies）、虚拟化（Virtualization）、负载均衡（Load Balance）、热备份冗余（High Available）等传统计算机和网络技术发展融合的产物。

1.3 云计算的发展历史

1983 年，太阳微系统公司（Sun Microsystems）提出"网络是计算机"的概念，2006 年 3 月，亚马逊公司（Amazon）推出弹性计算云（Elastic Compute Cloud，EC2）服务。

2006 年 8 月 9 日，Google 公司首席执行官埃里克•施密特（Eric Schmidt）在搜索引擎大会（SES San Jose 2006）首次提出云计算的概念。Google"云端计算"源于 Google 工程师克里斯托弗•比希利亚所做的 Google 101 项目。

2007 年 10 月，Google 与 IBM 公司开始在美国大学校园，包括卡内基•梅隆大学、麻省理工学院、斯坦福大学、加州大学伯克利分校及马里兰大学等，推广云计算的计划，这项计划希望能降低分布式计算技术在学术研究方面的成本，并为这些大学提供相关的软硬件设备及技术支持（包括数百台个人计算机及 BladeCenter 与 System x 服务器，这些计算平台将提供 1600 个处理器，支持包括 Linux、Xen、Hadoop 等开放源代码平台）。而学生则可以通过网络开发各项以大规模计算为基础的研究计划。

2008 年 1 月 30 日，Google 公司宣布在中国台湾启动"云计算学术计划"，与台湾台大、交大等学校合作，将云计算技术推广到校园的学术研究中。

2008 年 2 月 1 日，IBM 公司宣布将在中国无锡太湖新城科教产业园为中国的软件公司建立全球第一个云计算中心（Cloud Computing Center）。

2008 年 7 月 29 日，雅虎、惠普和英特尔公司宣布一项涵盖美国、德国和新加坡的联合研究计划，推进云计算的研究进程。该计划要与合作伙伴创建 6 个数据中心作为研究实验平台，每个数据中心配置 1400～4000 个处理器。这些合作伙伴包括新加坡资讯通信发展管理局、德国卡尔斯鲁厄大学 Steinbuch 计算中心、美国伊利诺伊大学香槟分校、英特尔研究院、惠普实验室和雅虎。

2008 年 8 月 3 日，美国专利商标局网站信息显示，戴尔正在申请云计算商标，此举旨在加强对这一未来可能重塑技术架构的术语的控制权。

2010 年 3 月 5 日，Novell 公司与云安全联盟（CSA）共同宣布一项供应商中立计划，名为"可信任云计算计划"。

2010 年 7 月，美国国家航空航天局和包括 Rackspace、AMD、Intel、戴尔等支持厂商共同宣布 OpenStack 开放源代码计划，微软公司在 2010 年 10 月表示支持 OpenStack 与 Windows Server 2008 R2 的集成；而 Ubuntu 已把 OpenStack 加至其 11.04 版本中。

2011 年 2 月，思科公司正式加入 OpenStack，重点研制 OpenStack 的网络服务。

2013 年，我国的 IaaS（基础设施即服务）市场规模约为 10.5 亿元，增速达到了 105％，显示出旺盛的生机。IaaS 相关企业不仅在规模、数量上有了大幅提升，而且吸引了资本市场的关注，UCloud、青云等 IaaS 初创企业分别获得了千万美元级别的融资。

过去几年里，腾讯、百度等互联网巨头纷纷推出了各自的开放平台战略。新浪 SAE 等 PaaS（平台即服务）的先行者也在业务拓展上取得了显著的成效，在众多互联网巨头的介入和推动下,我国 PaaS 市场得到了迅速发展,2013 年市场规模增长近 20%。但由于目前国内 PaaS 仍处于吸引开发者和产业生态培育的阶段,大部分 PaaS 都采用免费或低收费的策略,因此整体市场规模并不大,估计约为 2.2 亿元人民币,但这并不妨碍人们对 PaaS 的发展前景抱有充足的信心。

无论是国内还是国外,SaaS(软件即服务)一直是云计算领域最为成熟的细分市场,用户对于 SaaS 的接受程度也比较高。2015 年,SaaS 市场增长率达到 117.5%,市场规模增长至 8.1 亿元人民币。

2015 年以来,云计算方面的相关政策不断。2015 年年初,国务院发布了《国务院关于促进云计算创新发展培育信息产业新业态的意见》,明确了我国云计算产业的发展目标、主要任务和保障措施。2015 年 7 月,国务院又发布了《关于积极推进"互联网+"行动的指导意见》,提出到 2025 年,"互联网+"成为经济社会创新发展的重要驱动力量。2015 年 11 月,工业和信息化部印发《云计算综合标准化体系建设指南》。

1.4 如何学好云计算

云计算是一种基于互联网的计算方式,要实现云计算则需要一整套的技术架构,包括网络、服务器、存储、虚拟化等。云计算目前分为公有云和私有云。两者的区别只是提供服务的对象不同,一个是企业内部使用,一个则是面向公众。目前企业中的私有云都是通过虚拟化来实现的,建议可以了解一下虚拟化行业的前景和发展。

虚拟化目前分为服务器虚拟化(以 VMware 为代表)、桌面虚拟化(思杰比 VMware 的优势大)、应用虚拟化(以思杰为代表)。学习虚拟化需要的基础如下。

(1) 操作系统。了解 Windows 操作系统(如 Windows Server 2008、Windows Server 2003、Windows 7、Windows 8、Windows 10 等)的安装和基本操作、AD 域角色的安装和管理、组策略的配置和管理。

(2) 数据库的安装和使用(如 SQL Server)。

(3) 存储的基础知识(如磁盘性能、RAID、IOPS、文件系统、FC SAN、iSCSI、NAS 等)、光纤交换机的使用、使用 Open E 管理存储。

(4) 网络的基础知识(如 IP 地址规划、VLAN、Trunk、STP、Etherchannel)。

习题

1. 美国国家标准与技术研究院(NIST)是如何定义云计算的?
2. 云计算的发展历史经历了哪些过程?
3. 虚拟化指的是什么?

第 2 章

云计算基础

本章主要介绍关于云计算的各种基础知识,包括分布式计算、云计算的基本概念、实现云计算的几种关键技术以及云交付和部署模式,同时介绍云计算有哪些优势、面临的挑战以及几种典型的云应用。通过本章的学习,读者应能够对云计算有一个基本的认识。

2.1 分布式计算

分布式计算是一种计算方法,和集中式计算是相对的。随着计算技术的发展,一些应用需要巨大的计算能力才能完成,如果采用集中式计算,则需要耗费很长的时间才能完成。而分布式计算将应用分解成许多更小的部分,分配到多台计算机进行处理,这样可以节省整体计算时间,大大提高计算效率。云计算是分布式计算技术的一种,也是分布式计算这种科学概念的商业实现。

分布式计算的优点就是发挥"集体的力量",将大任务分解成小任务,分配给多个计算节点同时去计算。分布式计算将计算扩展到多台计算机,甚至是多个网络,在网络上有序地执行一个共同的任务,当然离不开 Web 技术,但在分布式计算发展起来之前的网络协议并不能满足分布式计算的要求,于是产生了 Web Service 技术。

分布式计算的另一种应用是 Web Service,Web Service 是一个平台独立的、低耦合的、自包含的、基于可编程的 Web 的应用程序,可使用开放的 XML(标准通用标记语言下的一个子集)标准来描述、发布、发现、协调和配置这些应用程序,用于开发分布式的、互操作的应用程序。

如图 2-1 所示,Web Service 的体系结构是基于 Web 服务提供者、Web 服务请求者、Web 服务注册

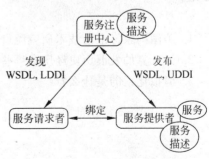

图 2-1　Web Service 的体系结构

中心三个角色和发布、发现、绑定三个动作构建的。简单地说，Web 服务提供者就是 Web 服务的拥有者，等待为其他服务和用户提供自己已有的功能；Web 服务请求者就是 Web 服务功能的使用者，利用 SOAP 消息向 Web 服务提供者发送请求以获得服务；Web 服务注册中心的作用是把一个 Web 服务请求者与合适的 Web 服务提供者联系在一起，它充当管理者的角色，一般是 UDDI(Universal Description Discovery and Integration)。这三个角色是根据逻辑关系划分的，在实际应用中，角色之间很可能有交叉：一个 Web 服务既可以是 Web 服务提供者，也可以是 Web 服务请求者，或者二者兼而有之，显示了 Web 服务角色之间的关系，其中，"发布"是为了让用户或其他服务知道某个 Web 服务的存在和相关信息；"发现"是为了找到合适的 Web 服务；"绑定"则是在提供者与请求者之间建立某种联系。

简单地说，这种技术的功能和中间件的功能有相似之处：Web Service 技术是屏蔽掉不同开发平台开发的功能模块的相互调用的障碍，从而可以利用 HTTP 和 SOAP 使商业数据在 Web 上传输，可以调用这些开发平台不同的功能模块来完成计算任务。这样看来，要在互联网上实施大规模的分布式计算，就需要 Web Service 作支撑。

2.2　云计算的基本概念

云计算已经成为一个大众化的词语，似乎每个人对于云计算的理解各不相同，第 1 章已经对云计算有一个宏观的概念和通俗的理解，如图 2-2 所示，云计算的"云"就是存在于互联网上的服务器集群上的资源，它包括硬件资源（服务器、存储器、CPU 等）和软件资源（应用软件、集成开发环境等），本地计算机只需要通过互联网发送一个需求信息，远端就有成千上万的计算机为用户提供需要的资源并将结果返回给本地计算机。这样，本地计算机几乎不需要做什么，所有的处理都在云计算提供商所提供的计算机群来完成。简而言之，云计算是一种商业计算模型，它将计算任务分布在大量计算机构成的资源池上，使用户能够按需获取计算力、存储空间和信息服务。

图 2-2　云计算

最简单的云计算技术在网络服务中已经随处可见，例如搜索引擎、网络信箱等，使用者只需要输入简单的指令即能得到大量信息。

云计算的组成可以分为 6 个部分，它们由下至上分别是：基础设施(Infrastructure)、存储(Storage)、平台(Platform)、应用(Application)、服务(Services)和客户端(Clients)。

1. 基础设施

云基础设施(Infrastructure as a Service,IaaS)是经过虚拟化后的硬件资源和相关管理功能的集合，对内通过虚拟化技术对物理资源进行抽象，对外提供动态、灵活的资源服务。具体用于如 Sun 公司的 Sun 网格(Sun Gird)、亚马逊(Amazon)的弹性计算云(Elastic Computer Cloud,EC2)。

2. 存储

云存储涉及提供数据存储作为一项服务，包括类似数据库的服务，通常以使用的存储量为结算基础。全球网络存储工业协会(SNIA)为云存储建立了相应标准。它既可交付作为云计算服务，又可以交付给单纯的数据存储服务。具体应用如亚马逊简单存储服务(Simple Storage Service，S3)、Google 应用程序引擎的 BigTable 数据存储。

3. 平台

云平台(Platform as a Service,PaaS)直接提供计算平台和解决方案作为服务，以方便应用程序部署，从而节省购买和管理底层硬件和软件的成本。具体应用如 Google 应用程序引擎(Google App Engine)，这种服务让开发人员可以编译基于 Python 的应用程序，并可免费使用 Google 的基础设施来进行托管。

4. 应用

云应用利用云软件架构，往往不再需要用户在自己的计算机上安装和运行该应用程序，从而减轻软件维护、操作和售后支持的负担。具体应用如 Facebook 的网络应用程序、Google 的企业应用套件(Google Apps)。

5. 服务

云服务是指包括产品、服务和解决方案都实时地在互联网上进行交付和使用。这些服务可能通过访问其他云计算的部件，例如软件，直接和最终用户通信。具体应用如亚马逊简单排列服务(Simple Queuing Service)、贝宝在线支付系统(PayPal)、Google 地图(Google Maps)等。

6. 客户端

云客户端包括专为提供云服务的计算机硬件和计算机软件终端，如苹果手机(iPhone)、Google 浏览器(Google Chrome)。

2.3 云计算的关键技术

云计算是一种新型的超级计算方式，以数据为中心，是一种数据密集型的超级计算。云计算的目标是以低成本的方式提供高可靠、高可用、规模可伸缩的个性化服务，要实现这个目标，需要分布式海量数据存储、虚拟化技术、云平台技术、并行编程技术、数据管理技术等若干关键技术支持。

2.3.1 分布式海量数据存储

随着信息化建设的不断深入,信息管理平台已经完成了从信息化建设到数据积累的职能转变,在一些信息化起步较早、系统建设较规范的行业,如通信、金融和大型生产制造等领域,海量数据的存储、分析需求的迫切性日益明显。以移动通信运营商为例,随着移动业务和用户规模的不断扩大,每天都产生海量的业务、计费以及网管数据,然而庞大的数据量使得传统的数据库存储已经无法满足存储和分析需求。主要面临的问题如下。

1. 数据库容量有限

关系型数据库并不是为海量数据而设计的,设计之初并没有考虑到数据量能够庞大到PB级。为了继续支撑系统,不得不进行服务器升级和扩容,成本高昂,难以接受。

2. 并行取数困难

除了分区表可以并行取数外,其他情况都要对数据进行检索才能将数据分块,并行读数效果不明显,甚至增加了数据检索的消耗。虽然可以通过索引来提升性能,但实际业务证明,数据库索引的作用有限。

3. 针对 J2EE 应用来说 JDBC 的访问效率太低

由于 Java 的对象机制,读取的数据都需要序列化,导致读数速度很慢。

4. 数据库并发访问数太多

由于数据库并发访问数太多,导致 I/O 瓶颈和数据库的计算负担太重两个问题,甚至出现内存溢出崩溃等现象,但数据库扩容成本太高。

理想的解决方案是把大数据存储到分布式文件系统中,云计算系统由大量服务器组成,同时为大量用户服务,因此云计算系统采用分布式存储的方式存储数据,用冗余存储的方式(集群计算、数据冗余和分布式存储)保证数据的可靠性。通过任务分解和集群,用低配机器替代超级计算机来保证低成本,这种方式保证分布式数据的高可用、高可靠和经济性,即为同一份数据存储多个副本。云计算系统中广泛使用的数据存储系统是 Google 的 GFS 和 Hadoop 团队开发的 GFS 的开源实现 HDFS。

2.3.2 虚拟化技术

虚拟化技术是云计算系统的核心组成部分之一,是将各种计算及存储资源充分整合和高效利用的关键技术。云计算的虚拟化技术不同于传统的单一虚拟化,它是涵盖整个 IT 架构的,包括资源、网络、应用和桌面在内的全系统虚拟化。通过虚拟化技术可以实现将所有硬件设备、软件应用和数据隔离开来,打破硬件配置、软件部署和数据分布的界限,实现IT 架构的动态化,实现资源集中管理,使应用能够动态地使用虚拟资源和物理资源,提高系统适应需求和环境的能力。虚拟化技术可以提供以下特点。

1. 资源分享

通过虚拟机封装用户各自的运行环境,有效实现多用户分享数据中心资源。

2. 资源定制

用户利用虚拟化技术,配置私有的服务器,指定所需的 CPU 数目、内存容量、磁盘空间,实现资源的按需分配。

3. 细粒度资源管理

将物理服务器拆分成若干虚拟机,可以提高服务器的资源利用率,减少浪费,而且有助于服务器的负载均衡和节能。

基于以上特点,虚拟化技术成为实现云计算资源池化和按需服务的基础。

2.3.3　云平台技术

云计算资源规模庞大,服务器数量众多且分布在不同的地点,同时运行着数百种应用,如何有效地管理这些服务器,保证整个系统提供不间断的服务是巨大的挑战。

云平台技术能够使大量的服务器协同工作,方便地进行业务部署,快速发现和恢复系统故障,通过自动化、智能化的手段实现大规模系统的可靠运营。

云计算平台的主要特点是用户不必关心云平台底层的实现。用户使用平台,或使用云平台发布第三方应用的开发者(服务提供商,或者云平台用户)只需要调用平台提供的接口就可以在云平台中完成自己的工作。利用虚拟化技术,云平台提供商可以实现按需提供服务,这一方面降低了云的成本,另一方面保证了用户的需求得到满足。云平台基于大规模的数据中心或者网络,因此云平台可以提供高性能的计算服务,并且对于云平台用户,云的资源几乎是无限的。

2.3.4　并行编程技术

目前两种最重要的并行编程模型是数据并行和消息传递。数据并行编程模型的编程级别比较高,编程相对简单,但它仅适用于数据并行问题;消息传递编程模型的编程级别相对较低,但消息传递编程模型可以有更广泛的应用范围。

数据并行编程模型是一种较高层次上的模型,它提供给编程者一个全局的地址空间,一般这种形式的语言本身就提供并行执行的语义,因此对于编程者来说,只需要简单地指明执行什么样的并行操作和并行操作的对象,就实现了数据并行的编程。例如,对于数组运算,使得数组 B 和 C 的对应元素相加后送给 A,则通过语句 $A=B+C$ 或其他的表达方式,就能够实现上述功能,使并行机对 B、C 的对应元素并行相加,并将结果并行赋给 A。因此数据并行的表达是相对简单和简洁的,它不需要编程者关心并行机是如何对该操作进行并行执行的。数据并行编程模型虽然可以解决一大类科学与工程计算问题,但是对于非数据并行类的问题,如果通过数据并行的方式来解决,一般难以取得较高的效率。

消息传递是各个并行执行的部分之间通过传递消息来交换信息、协调步伐、控制执行,消息传递一般是面向分布式内存的,但是它也可适用于共享内存的并行机。消息传递为编程者提供了更灵活的控制手段和表达并行的方法,一些用数据并行方法很难表达的并行算法,都可以用消息传递模型来实现灵活性和控制手段的多样化,是消息传递并行程序能提供高的执行效率的重要原因。

消息传递模型一方面为编程者提供了灵活性,另一方面,它也将各个并行执行部分之间复杂的信息交换和协调、控制的任务交给了编程者,这在一定程度上增加了编程者的负担,这也是消息传递编程模型编程级别低的主要原因。虽然如此,消息传递的基本通信模式是简单和清楚的,学习和掌握这些部分并不困难。因此,目前大量的并行程序设计仍然是消息传递并行编程模式。

云计算采用并行编程模式。在并行编程模式下,并发处理、容错、数据分布、负载均衡等细节都被抽象到一个函数库中,通过统一接口,用户大尺度的计算任务被自动并发和分布执行,即将一个任务自动分成多个子任务,并行地处理海量数据。

2.3.5　数据管理技术

云计算系统对大数据集进行处理、分析,向用户提供高效的服务。因此,数据管理技术必须能够高效地管理大数据集。其次,如何在规模巨大的数据中找到特定的数据,也是云计算数据管理技术所必须解决的问题。

应用于云计算的数据管理技术最常见的是 Google 的 BigTable 数据管理技术,由于采用列存储的方式管理数据,如何提高数据的更新速率以及进一步提高随机读取速率是未来的数据管理技术必须解决的问题。

Google 提出的 BigTable 技术是建立在 GFS 和 MapReduce 之上的一个大型的分布式数据库。BigTable 实际上是一个很庞大的表,它的规模可以超过 1PB(1024TB),它将所有数据都作为对象来处理,形成一个巨大的表格。Google 对 BigTable 给出了如下定义:BigTable 是一种为了管理结构化数据而设计的分布式存储系统,这些数据可以扩展到非常大的规模,例如在数千台商用服务器上的达到 PB 规模的数据。现在有很多的 Google 的应用程序建立在 BigTable 之上,例如 Google Earth 等,而基于 BigTable 模型实现的 HBase 也在越来越多的应用中发挥作用。

2.4　云交付模型

根据现在最常用,也是比较权威的美国国家标准技术研究院(National Institute of Standards and Technology,NIST)的定义,云计算主要分为三种交付模型,而且这三种交付模型主要是从用户体验的角度出发的。

如图 2-3 所示,这三种交付模型分别是软件即服务(Software as a Service,SaaS)、平台即服务(Platform as a Service,PaaS)和基础设施即服务(Infrastructure as a Service,IaaS)。对普通用户而言,他们主要面对的是 SaaS 这种服务模式,而且几乎所有的云计算服务最终的呈现形式都是 SaaS。除此之外,在 2.4.5 节将介绍一种新型的交付模型:CaaS(容器即服务),它是以容器为核心的公有云平台,它被认为是云服务中具有革命性的突破。

2.4.1　软件即服务

SaaS 是 Software as a Service(软件即服务)的简称,它是一种通过 Internet 提供软件的模式,用户无须购买软件,而是向提供商租用基于 Web 的软件,来管理企业经营活动。相对于传统的软件,SaaS 解决方案有明显的优势,包括较低的前期成本、便于维护、快速展开使

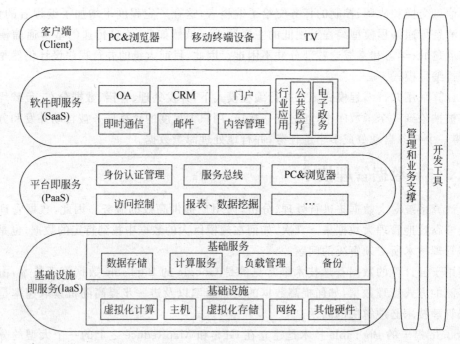

图 2-3　云计算三大交付模型

用、由服务提供商维护和管理软件,并且提供软件运行的硬件设施,用户只需拥有接入互联网的终端,即可随时随地使用软件。SaaS 软件被认为是云计算的典型应用之一。

SaaS 的主要功能如下。

(1) 随时随地访问:在任何时候,任何地点,只要接上网络,用户就能访问 SaaS。

(2) 支持公开协议:通过支持公开协议(例如 HTML4/5),能够方便用户使用。

(3) 安全保障:SaaS 供应商需要提供一定的安全机制,不仅要使存储在云端的用户数据处于绝对安全的境地,而且也要在客户端实施一定的安全机制(例如 HTTPS)来保护用户。

(4) 多用户:MultiTenant 机制,通过多用户机制,不仅能更经济地支持庞大的用户规模,而且能提供一定的可指定性以满足用户的特殊需求。

用户消费的服务完全是从网页如 Netflix、MOG、Google Apps、Box. net、Dropbox 或者苹果公司的 iCloud 那里进入这些分类。尽管这些网页服务是用作商务或娱乐或者两者都有,但这也算是云技术的一部分。

一些用作商务的 SaaS 应用包括 Citrix 公司的 GoToMeeting、Cisco 公司的 WebEx、Salesforce 公司的 CRM、ADP、Workday 和 SuccessFactors。

2.4.2　平台即服务

通过网络进行程序提供的服务称为 SaaS,而相应地,将服务器平台或者开发环境作为服务进行提供就是 PaaS(Platform as a Service)。所谓 PaaS 实际上是指将软件研发的平台作为一种服务,以 SaaS 的模式提交给用户。因此,PaaS 也是 SaaS 模式的一种应用。但是,PaaS 的出现可以加快 SaaS 的发展,尤其是加快 SaaS 应用的开发速度。

在云计算应用的大环境下,PaaS的优势显而易见。

(1) 开发简单。因为开发人员能限定应用自带的操作系统、中间件和数据库等软件的版本,例如SLES 11、WAS 7和DB2 9.7等,这样将非常有效地缩小开发和测试的范围,从而极大地降低开发测试的难度和复杂度。

(2) 部署简单。首先,如果使用虚拟器件方式部署的话,能将本来需要几天的工作缩短到几分钟,能将本来的几十步操作精简到轻轻一击。其次,能非常简单地将应用部署或者迁移到公有云上,以应对突发情况。

(3) 维护简单。因为整个虚拟器件都是来自于同一个ISV(独立软件商),所以任何软件的升级和技术支持,都只要和一个ISV联系就可以了,不仅避免了常见的沟通不当现象,而且简化了相关流程。

PaaS的主要功能如下。

(1) 有好的开发环境:通过SDK和IDE等工具来让用户能在本地方便地进行应用的开发和测试。

(2) 丰富的服务:PaaS平台会以API的形式经各种各样的服务提供给上层应用。

(3) 自动的资源调度:也就是可伸缩特性,它不仅能优化系统资源,而且能自动调整资源来帮助运行于其上的应用更好地应对突发流量。

(4) 精细的管理和监控:通过PaaS能够提供应用层的管理和监控,例如,能够观察应用运行的情况和具体数值(例如吞吐量和反映时间)来更好地衡量应用的运行状态,还有能够通过精确计量应用使用所消耗的资源来更好地计费。

PaaS公司在网上提供各种开发和分发应用的解决方案,例如虚拟服务器和操作系统。这节省了用户在硬件上的费用,也让分散的工作室之间的合作变得更加容易。这些解决方案包括网页应用管理、应用设计、应用虚拟主机、存储、安全以及应用开发协作工具等。

一些大的PaaS提供者有Google App Engine、Microsoft Azure、Force.com、Heroku、Engine Yard、AppFog、Mendix和Standing Cloud等。

2.4.3 基础设施即服务

IaaS是Infrastructure as a Service(基础设施即服务)的简称。IaaS使消费者可以通过Internet从完善的计算机基础设施获得服务。基于Internet的服务(如存储和数据库)是IaaS的一部分。在IaaS模式下,服务提供商将多台服务器组成的"云端"服务(包括内存、I/O设备、存储和计算能力等)作为计量服务提供给用户。其优点是用户只需提供低成本硬件,按需租用相应的计算能力和存储能力即可。

IaaS的主要功能如下。

(1) 资源抽象:使用资源抽象的方法,能更好地调度和管理物理资源。

(2) 负载管理:通过负载管理,不仅使部署在基础设施上的应用能更好地应对突发情况,而且还能更好地利用系统资源。

(3) 数据管理:对云计算而言,数据的完整性、可靠性和可管理性是对IaaS的基本要求。

(4) 资源部署:也就是将整个资源从创建到使用的流程自动化。

(5) 安全管理:IaaS安全管理的主要目标是保证基础设施和其提供资源被合法地访问

和使用。

（6）计费管理：通过细致的计费管理能使用户更灵活地使用资源。

以前如果用户想在办公室或者公司的网站上运行一些企业应用，需要去买服务器，或者别的高昂的硬件来控制本地应用，让业务运行起来。但是使用 IaaS，用户可以将硬件外包到别的地方去。IaaS 公司会提供场外服务器、存储和网络硬件，用户可以租用。这样就节省了维护成本和办公场地，并可以在任何时候利用这些硬件来运行其应用。

一些大的 IaaS 公司包括 Amazon 公司、微软公司、VMware 公司、Rackspace 公司和 Red Hat 公司等。不过这些公司又都有自己的专长，例如，Amazon 公司和微软公司提供的不只是 IaaS，它们还会将其计算能力出租给用户来管理用户的网站。

2.4.4　基本云交付模型的比较

三个交付模型之间没有必然的联系，只是三种不同的服务模式，都是基于互联网，按需按时付费，就像水、电、煤气一样。但是在实际的商业模式中，PaaS 的发展确实促进了 SaaS 的发展，因为提供了开发平台后，SaaS 的开发难度就降低了。

（1）从用户体验角度而言，它们之间的关系是独立的，因为它们面对的是不同的用户。

（2）从技术角度而言，它们并不是简单的继承关系，首先，SaaS 可以是基于 PaaS 或者直接部署于 IaaS 之上，其次，PaaS 可以构建于 IaaS 之上，也可以直接构建在物理资源之上。

通过对交付模型进行分析，表 2-1 对三种基本交付模型进行了比较。

表 2-1　三种交付模型的比较

云交付模型	服务对象	使用方式	关键技术	用户的控制等级	系统实例
IaaS	需要硬件资源的用户	使用者上传数据、程序代码、环境配置	虚拟化技术、分布式海量数据存储等	使用和配置	Amazon EC2、Eucalyptus 等
PaaS	程序开发者	使用者上传数据、程序代码	云平台技术、数据管理技术等	有限的管理	Google App Engine、Microsoft Azure、Hadoop 等
SaaS	企业和需要软件应用的用户	使用者上传数据	Web 服务技术、互联网应用开发技术等	完全的管理	Google Apps、Salesforce CRM 等

这三种交付模型都是采用外包的方式，减轻云用户的负担，降低管理、维护服务器硬件、网络硬件、基础架构软件和应用软件的人力成本。从更高的层次上看，它们都试图去解决同一个问题——用尽可能少甚至零资本支出，获得功能、扩展能力、服务和商业价值。成功的 SaaS 和 IaaS 可以很容易地延伸到平台领域。

2.4.5　容器即服务

容器即服务（Container as a Service，CaaS）也称为容器云，是以容器为资源分割和调度的基本单位，封装整个软件运行时环境，为开发者和系统管理员提供用于构建、发布和运行分布式应用的平台。CaaS 具备一套标准的镜像格式，可以把各种应用打包成统一的格式，并在任意平台之间部署迁移,容器服务之间又可以通过地址、端口服务来互相通信,做到既有序又灵活;既支持对应用的无限定制,又可以规范服务的交互和编排。

容器云的 Docker 容器几乎可以在任意的平台上运行,包括物理机、虚拟机、公有云、私有云、个人计算机、服务器等。这种兼容性可以让用户把一个应用程序从一个平台直接迁移到另外一个。容器云的这种特性类似于 Java 的 JVM,Java 程序可以运行在任意的安装了 JVM 的设备上,在迁移和扩展方面变得更加容易。CaaS 与 IaaS 和 PaaS 的关系如下。

作为后起之秀的 CaaS,它介于 IaaS 和 PaaS 之间,起到了屏蔽底层系统 IaaS,支撑并丰富上层应用平台 PaaS 的作用。

CaaS 解决了 IaaS 和 PaaS 的一些核心问题,例如,IaaS 很大程度上仍然只是提供机器和系统,需要自己把控资源的管理、分配和监控,没有减少使用成本,对各种业务应用的支持也非常有限;而 PaaS 的侧重点是提供对主流应用平台的支持,其没有统一的服务接口标准,不能满足个性化的需求。CaaS 的提出可谓是应运而生,以容器为中心的 CaaS 很好地将底层的 IaaS 封装成一个大的资源池,用户只要把自己的应用部署到这个资源池中,不再需要关心资源的申请、管理,以及与业务开发无关的事情。

2.5　云部署模式

部署云计算服务的模式有三大类:公有云、私有云和混合云。如图 2-4 所示,公有云是云计算服务提供商为公众提供服务的云计算平台,理论上任何人都可以通过授权接入该平台。公有云可以充分发挥云计算系统的规模经济效益,但同时也增加了安全风险。私有云则是云计算服务提供商为企业在其内部建设的专有云计算系统。私有云系统存在于企业防火墙之内,只为企业内部服务。与公有云相比,私有云的安全性更好,但成本也更高,云计算的规模经济效益也受到了限制,整个基础设施的利用率要远低于公有云。混合云则是同时提供公有和私有服务的云计算系统,它是介于公有云和私有云之间的一种折中方案。

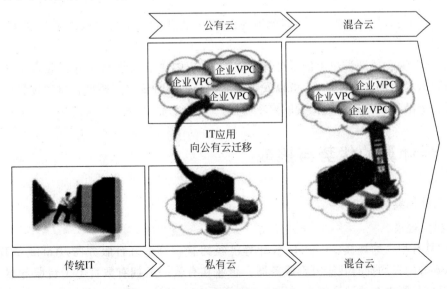

图 2-4　云部署模式示意图

2.5.1　公有云

公有云,是指为外部客户提供服务的云,它所有的服务是供别人使用,而不是自己使用。

在此种模式下,应用程序、资源、存储和其他服务,都由云服务供应商来提供给用户,这些服务多数是免费的,也有部分按需求和使用量来付费,这种模式只能通过互联网来访问和使用。同时,这种模式在私人信息和数据保护方面也比较有保证。这种部署模型通常都可以提供可扩展的云服务并能高效设置。

目前,典型的公有云有微软的 Windows Azure Platform、亚马逊的 AWS、Salesforce. com,以及国内的阿里巴巴、用友伟库等。对于用户而言,公有云的最大优点是,其所应用的程序、服务及相关数据都存放在公有云的提供者处,自己无须做相应的投资和建设。目前最大的问题是,由于数据不存储在用户自己的数据中心,其安全性存在一定风险。同时,公有云的可用性不受使用者控制,这方面也存在一定的不确定性。

2.5.2　私有云

私有云,是指企业自己使用的云,它所有的服务不是供别人使用,而是供自己内部人员或分支机构使用。

这种云基础设施专门为某一个企业服务,不管是自己管理还是第三方管理,自己负责还是第三方托管,都没有关系。

私有云的部署比较适合于有众多分支机构的大型企业或政府部门。随着这些大型企业数据中心的集中化,私有云将会成为他们部署 IT 系统的主流模式。相对于公有云,私有云部署在企业自身内部,因此其数据安全性、系统可用性都可由自己控制。但其缺点是投资较大,尤其是一次性的建设投资较大。

2.5.3　混合云

混合云,是指供自己和客户共同使用的云,它所提供的服务既可以供别人使用,也可以供自己使用。

混合云是两种或两种以上的云计算模式的混合体,如公有云和私有云混合。它们相互独立,但在云的内部又相互结合,可以发挥出所混合的多种云计算模型各自的优势。相比较而言,混合云的部署方式对提供者的要求较高。

2.6　云计算的优势与挑战

1. 云计算具有的优势

1)超大规模

"云"具有相当的规模。Google 云计算已经拥有一百多万台服务器,Amazon、IBM、微软、Yahoo 等的云均拥有几十万台服务器。企业私有云一般拥有数百上千台服务器。"云"能赋予用户前所未有的计算能力。

2）虚拟化

云计算支持用户在任意位置、使用任意终端获取应用服务。所请求的资源来自云，而不是固定的、有形的实体。应用在云中某处运行，但实际上用户无须了解也不用担心应用运行的具体位置。只需要一台笔记本或者一部手机，就可以通过网络服务来实现我们需要的一切，甚至包括超级计算这样的任务。

3）高可靠性

云使用了数据多副本容错、计算节点同构可互换等措施来保障服务的高可靠性，使用云计算比使用本地计算机可靠。

4）通用性

云计算不针对特定的应用，在云的支撑下可以构造出千变万化的应用，同一个云可以同时支撑不同的应用运行。

5）高可扩展性

云的规模可以动态伸缩，满足应用和用户规模增长的需要。

6）按需服务

云是一个庞大的资源池，可以按需购买；云可以像自来水、电、煤气那样计费。

7）极其廉价

由于云的特殊容错措施可以采用极其廉价的节点来构成云，云的自动化集中式管理使大量企业无须负担日益高昂的数据中心管理成本，云的通用性使资源的利用率较之传统系统大幅提升，因此用户可以充分享受云的低成本优势，经常只要花费几百美元、几天时间就能完成以前需要数万美元、数月时间才能完成的任务。

虽然我们看到云计算在国内的广阔前景，但也不得不面对一个现实，云计算需要应对众多的客观挑战，才能够逐渐发展成为一个主流的架构。

2. 云计算所面临的挑战

1）服务的持续可用性

云服务都是部署及应用在互联网上的，用户难免会担心是否服务一直都可以使用。就像银行一样，储户把钱存入银行是基于对银行倒闭的可能性极小的信任。对一些特殊用户（如银行、航空公司）来说，他们需要云平台提供一种 7×24 的服务。而遗憾的是，微软公司的 Azure 平台在 2014 年 9 月份运行期间发生的一次故障影响了 10 种服务，包括云服务、虚拟机和网站，直到两个小时之后，才开始处理宕机和中断问题；Google 的某些功能在 2009 年 5 月 14 日停止服务两个小时；亚马逊在 2011 年 4 月故障 4 天。这些网络运营商的停机在一定程度上制约了云服务的发展。

2）服务的安全性

云计算平台的安全问题由两方面构成：一是数据本身的保密性和安全性。因为云计算平台，特别是公共云计算平台的一个重要特征就是开放性，各种应用整合在一个平台上，对于数据泄露和数据完整性的担心都是云计算平台要解决的问题。这就需要从软件解决方案、应用规划角度进行合理而严谨的设计。二是数据平台上软硬件的安全性。如果由于软件错误或者硬件崩溃，导致应用数据损失，都会降低云计算平台的效能。这就需要采用可靠的系统监控、灾难恢复机制以确保软硬件系统的安全运行。

3）服务的迁移

如果一个企业不满意现在所使用的云平台,那么它可以将现有数据迁移到另一个云平台上么？如果企业绑定了一个云平台,当这个平台提高服务价格时,它又有多少讨价还价的余地呢？虽然不同的云平台可以通过 Web 技术等方式相互调用对方平台上的服务,但在现有技术基础上还是会面对数据不兼容等各种问题,使服务的迁移非常困难。

4）服务的性能

既然云计算通过互联网进行传输,那么网络带宽就成为云服务质量的决定性因素。如果有大量数据需要传输的时候,云服务的质量就不会那么理想。当然,随着网络设备的飞速发展,带宽问题将不会成为制约云计算发展的因素。

云计算为产业服务化提供了技术平台,使生产流程的最终交付品是一种基于网络和信息平台的服务。在未来几年中,中国云计算市场将会保持快速的增长。目前,我国云计算市场仍处于发展初期,只要能把握好云计算这次巨大的浪潮,就有机会将信息化普及到各行各业并且推动我国科技创新的发展。

2.7　典型云应用

“云应用”是“云计算”概念的子集,是云计算技术在应用层的体现。云应用跟云计算最大的不同在于,云计算作为一种宏观技术发展概念而存在,而云应用则是直接面对客户解决实际问题的产品。如图 2-5 所示,云应用遍及各个方面,下面将重点介绍云存储、云服务以及云物联。

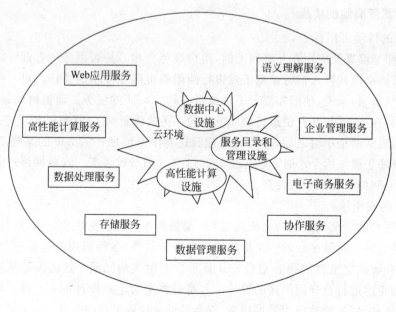

图 2-5　典型云应用

2.7.1 云存储

云存储是在云计算概念上延伸和发展出来的一个新的概念,是一种新兴的网络存储技术,是指通过集群应用、网络技术或分布式文件系统等功能,将网络中大量各种不同类型的存储设备通过应用软件集合起来协同工作,共同对外提供数据存储和业务访问功能的一个系统。

典型的云存储包括百度云(图 2-6 为百度云的网页界面图)、阿里云网盘等,这些应用的作用,可以帮助用户存储资料,如大容量文件就可以通过云存储留给他人下载,节省了时间和金钱,有很好的便携性。现在,除了互联网企业外,许多 IT 厂商也开始有自己的云存储服务,以达到捆绑客户的作用,如联想的"乐云"、华为的网盘等。

图 2-6　百度云

2.7.2 云服务

如图 2-7 所示,目前非常多的公司都有自己的云服务产品,如 Google、Microsoft、Amazon 等。典型的云服务包括微软 Hotmail、谷歌 Gmail、苹果 iCloud 等,这项服务主要以邮箱为账号,实现用户登录账号后,内容在线同步的作用。当然,邮箱也可以达到这个效果,在没有 U 盘的情况下,有人经常会把文件发给自己的邮箱,以方便回家阅览,这也是云服务的最早应用,可以实现在线运行,随时随地接收文件。

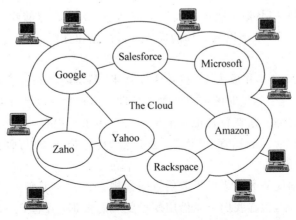

图 2-7　云服务

2.7.3 云物联

"物联网就是物物相连的互联网"。这里有两层意思：第一，物联网的核心和基础仍然是互联网，是在互联网基础上延伸和扩展的网络；第二，其用户端延伸和扩展到了任何物品与物品之间，进行信息交换和通信。

物联网的两种业务模式如下。

（1）MAI(M2M Application Integration)和内部 MaaS。

（2）MaaS(M2M as a Service)、MMO 和 Multi Tenants(多租户模型)。

随着物联网业务量的增加，对数据存储和计算量的需求将带来对"云计算"能力的要求。

（1）云计算：从计算中心到数据中心在物联网的初级阶段，PoP(Point of Presence)即可满足需求。

（2）在物联网高级阶段，可能出现 MVNO/MMO (Mobile Virtual Network Operator/M2M Mobile Operator)营运商(国外已存在多年)，需要虚拟化云计算技术，SOA(Service Oriented Architecture)等技术的结合实现互联网的泛在服务：TaaS (everyTHING as a Service)。

图 2-8 是一款叫作 ZigBee 系列智能开关的云物联产品，可应用于家庭、办公、医院和酒店等场合。

图 2-8　单轨窗帘开关——云物联产品

2.8　云计算与大数据

大数据正在引发全球范围内深刻的技术和商业变革。如同云计算的出现，大数据也不是一个突然而至的新概念。百度的张亚勤说："云计算和大数据是一个硬币的两面，云计算是大数据的 IT 基础，而大数据是云计算的一个杀手级应用"。云计算是大数据成长的驱动力，而另一方面，由于数据越来越多，越来越复杂，越来越实时，这就更加需要云计算去处理，所以二者之间是相辅相成的。

三十多年前，存储 1TB 数据的成本大约是 16 亿美元，如今存储到云上只需不到 100 美元，但存储下来的数据，如果不以云计算的模式进行挖掘和分析，就只能是僵死的数据，没有太大价值。

目前，云计算已经普及并成为 IT 行业主流技术，其实质是在计算量越来越大、数据越来越多、越来越动态、越来越实时的需求背景下被催生出来的一种基础架构和商业模式。个人用户将文档、照片、视频、游戏存档记录上传至"云"中永久保存，企业客户根据自身需求，可以搭建自己的"私有云"，或托管，或租用"公有云"上的 IT 资源与服务。可以说，云是一棵挂满了大数据的苹果树。

在技术上，大数据使从数据当中提取信息的常规方式发生了变化。"在技术领域，以往更多是依靠模型的方法，现在我们可以借用规模庞大的数据，用基于统计的方法，有望使语音识别、机器翻译这些技术领域在大数据时代取得新的进展"张亚勤说。在搜索引擎和在线广告中发挥重要作用的机器学习,被认为是大数据发挥真正价值的领域,在海量的数据中统计分析出人的行为、习惯等方式,计算机可以更好地学习模拟人类智能。随着包括语音、视觉、手势和多点触控等在内的自然用户界面越来越普及,计算系统正在具备与人类相仿的感知能力,其看见、听懂和理解人类用户的能力不断提高。这种计算系统不断增强的感知能力,与大数据以及机器学习领域的进展相结合,已使得目前的计算系统开始能够理解人类用户的意图和语境。这使得计算机能够真正帮助我们,甚至代表我们去工作。

在商业模式上,对商业竞争的参与者来说,大数据意味着激动人心的业务与服务创新机会。零售连锁企业、电商业巨头都已在大数据挖掘与营销创新方面有着很多的成功案例,他们都是商业嗅觉极其敏锐、敢于投资未来的公司,也因此获得了丰厚的回报。

IT 产业链分工、主导权也因为大数据产生了巨大影响。以往,移动运营商和互联网服务运营商等拥有着大量用户行为习惯的各种数据,在 IT 产业链中具有举足轻重的地位。而在大数据时代,移动运营商如果不能挖掘出数据的价值,可能会彻底地被管道化。运营商和更懂用户需求的第三方开发者互利共赢的模式,已取得一定共识。

云计算与大数据到底有什么关系?

本质上,云计算与大数据的关系是静与动的关系。云计算强调的是计算,这是动的概念;而数据则是计算的对象,是静的概念。如果结合实际的应用,前者强调的是计算能力,或者看重的是存储能力。但是这样说,并不意味着两个概念就如此泾渭分明。一方面,大数据需要处理大数据的能力(数据获取、清洗、转换、统计等能力),其实就是强大的计算能力;另一方面,云计算的动也是相对而言,例如,基础设施即服务中的存储设备提供的主要是数据存储能力,所以可谓是动中有静。

如果数据是财富,那么大数据就是宝藏,而云计算就是挖掘和利用宝藏的利器。

云计算能为大数据带来哪些变化呢?

首先,云计算为大数据提供了可以弹性扩展、相对便宜的存储空间和计算资源,使得中小企业也可以像亚马逊公司一样通过云计算来完成大数据分析。

其次,云计算 IT 资源庞大,分布较为广泛,是异构系统较多的企业及时准确处理数据的有力方式,甚至是唯一方式。

当然,大数据要走向云计算还有赖于数据通信带宽的提高和云资源的建设,需要确保原始数据能迁移到云环境以及资源池可以随需弹性扩展。

数据分析集逐步扩大,企业级数据仓库将成为主流,未来还将逐步纳入行业数据、政府公开数据等多来源数据。

当人们从大数据分析中尝到甜头后,数据分析集就会逐步扩大。目前大部分企业所分析的数据量一般以 TB 为单位,按照目前数据的发展速度,很快将会进入 PB 时代。特别是目前在 $100\sim500$TB 和 $500+$TB 范围的分析数据集的数量呈 3 倍或 4 倍的增长。

随着数据分析集的扩大,以前部门层级的数据集市将不能满足大数据分析的需求,它们将成为企业及数据库(EDW)的一个子集。根据 TDWI 的调查,如今大概有 2/3 的用户已经在使用企业级数据仓库,未来这一比例将会更高。传统分析数据库可以正常持续,但是会有一些变化。一方面,数据集市和操作性数据存储(ODS)的数量会减少;另一方面,传统的数据库厂商会提升他们产品的数据容量、细目数据和数据类型,以满足大数据分析的需要。

大数据技术与云计算的发展密切相关,大数据技术是云计算技术的延伸。大数据技术涵盖了从数据的海量存储、处理到应用多方面的技术,包括海量分布式文件系统、并行计算框架、NoSQL 数据库、实时流数据处理以及智能分析技术如模式识别、自然语言理解、应用知识库等。对电信运营商而言,在当前智能手机、智能设备快速增长、移动互联网流量迅猛增加的情况下,大数据技术可以为运营商带来新的机会。大数据在运营商中的应用可以涵盖多个方面,包括企业管理分析如战略分析、竞争分析,运营分析如用户分析、业务分析、流量经营分析,网络管理维护优化如网络信令监测、网络运行质量分析,营销分析如精准营销、个性化推荐等。

大数据逐步"云"化,纵观历史,过去的数据中心无论应用层次还是规模大小,都仅仅是停留在过去有限的基础架构之上,采用的是传统精简指令集计算机和传统大型计算机,各个基础架构之间都相互孤立,没有形成一个统一的有机整体。在过去的数据中心里面,各种资源都没有得到有效充分的利用。而且传统数据中心资源配置和部署大多采用人工方式,没有相应的平台支持,使大量人力资源耗费在繁重的重复性工作上,缺少自助服务和自动部署能力,既耗费时间和成本,又严重影响工作效率。而当今越来越流行的云计算、虚拟化和云存储等新 IT 模式的出现,再一次说明了过去那种孤立、缺乏有机整合的数据中心资源并没有得到有效利用,并不能满足当前多样、高效和海量的业务应用需求。

在云计算时代背景下,数据中心需要向集中大规模共享平台推进,并且,数据中心要能实现实时动态扩容,实现自助和自动部署服务。从中长期来看,数据中心需要逐渐过渡到"云基础架构为主流企业所采用,专有架构为关键应用所采用"阶段,并最终实现"强壮的云架构为所有负载所采用",无论是大型计算机还是 x86 都融入云端,实现软硬件资源的高度整合。

数据中心逐步过渡到"云",这既包括私有云又包括公有云。

习题

1. 什么是云计算?
2. 云计算的特点是什么?
3. 云计算存在的问题有哪些?
4. 云计算有哪些应用?

第3章

虚 拟 化

本章介绍的是虚拟化技术，将对虚拟化的简介、虚拟化技术的分类、系统虚拟化、虚拟化与云计算、相关开源技术以及虚拟化未来的发展趋势进行讲解，包括虚拟化的发展历史以及虚拟化带来的好处。通过对本章的学习，读者应该能对虚拟化技术有系统的了解以及对相关技术有一定的认识。

3.1 虚拟化简介

随着近年多核系统、集群、网格甚至云计算的广泛部署，虚拟化技术在应用上的优势日益体现，通过使用虚拟化，不仅可以降低 IT 成本，而且可以增强系统的安全性和可靠性，虚拟化的概念逐渐深入到人们日常的工作与生活当中。

3.1.1 什么是虚拟化

虚拟化是指计算机软件在虚拟的基础上而不是在真实的、独立的物理硬件基础上运行。例如，CPU 的虚拟化技术可以实现单 CPU 模拟多 CPU 并行，允许一个平台同时运行多个操作系统，并且应用程序可以在相互独立的空间内运行而互不影响，从而显著提高计算机的工作效率。这种以优化资源（把有限的、固定的资源根据不同的需求进行重新规划以达到最大利用率）、简化软件的重新配置过程为目的的解决方案，就是虚拟化技术。

图 3-1 展示了虚拟化架构与传统架构的对比。简单来讲，虚拟化架构就是在一个物理硬件机器上同时运行多个不同应用的独立的虚拟系统。这些同时运行的虚拟系统由 Hyperviser 来控制，虚拟机被称为 guest。Hypervisor 不仅可以提供虚拟系统资源，进行主机/虚拟机之间的调度，而且可以提供虚拟机间的通信。虚拟化服务器的应用如下。

图 3-1　虚拟化架构与传统架构的对比

1. 研发与测试

提到虚拟化服务器的应用,人们首先想到的就是研发测试环境,因为在一般情况下,研发和测试人员需要使用不同的操作系统环境,而如果每一种平台都需要使用物理服务器,这将会对准备测试环境的过程带来相当大的困难,一个小小的测试改变都需要重装若干这样的测试用服务器。如果一个测试过程需要成百上千台服务器进行压力测试时,准备纯物理服务器的测试环境几乎不可能,虚拟化技术无疑是最佳的选择。

通过在一台物理服务器上实现多个操作系统,或者实现成百上千个虚拟的服务器,可以极大地降低研发和测试成本。

2. 服务器合并

很多企业用户都不得不面对这样的尴尬:每实施一项应用就要买一台服务器,随着应用的增加,一般要购买很多不易变更的资源,在这个过程中,完成不同任务的服务器越来越多,管理变得越来越复杂,同时服务器利用率却很低,仅为 15%～20%,将会造成资源的极大浪费。

因此,将各种不同的服务器整合在一起的方案受到了用户的欢迎。但是整合在一起的服务器如何分配资源,并保证每一个应用的正常运行呢? 服务器从小变大是一个问题,而将大块计算资源分成小块也是一个问题。虚拟服务器技术的出现轻松地解决了服务器合并的问题,从而受到更多企业用户的青睐。

3. 高级虚拟主机

虚拟主机技术的出现,大大降低了在互联网上建立站点的资金门槛。可以说,正是这样的虚拟技术构筑起了互联网的大厦。但随着互联网的普及,客户常常抱怨虚拟主机做了过多的限制,而且稳定性不好,资源很难保证。现在的虚拟主机用户对虚拟主机服务提出了更高的要求,用户需要更安全、稳定的环境,甚至是对部分资源的控制权。

3.1.2　虚拟化的发展历史

1. 虚拟化技术的萌芽

20 世纪 60 年代,美国的计算机学术界就有了虚拟技术思想的萌芽。1959 年,克里斯托弗(Christopher Strachey)发表了一篇学术报告,名为"大型高速计算机中的时间共享"(*Time Sharing in Large Fast Computers*),他在文中提出了虚拟化的基本概念,这篇文章也被认为是对虚拟化技术的最早论述。

2. 虚拟化技术的雏形

首次出现虚拟化技术是在 20 世纪 60 年代,当时的应用是使用虚拟化对稀有而昂贵的资源——大型计算机硬件的分区。例如,IBM 当时就已经在 360/67、370 等硬件体系上实现了虚拟化。IBM 的虚拟化通过 VMM 把一个硬件虚拟成多个硬件(Virtual Machine,VM),各 VM 之间可以认为是完全隔离的,在 VM 上可以运行"任何"的操作系统,而不会对其他的 VM 产生影响。

3. 虚拟化标准的提出

1974 年，Popek 和 Goldberg 在 *Formal Requirements for Virtualizable Third Generation Architectures* 一文中提出了一组称为虚拟化准则的充分条件，满足条件的控制程序可以被称为 VMM。

4. 虚拟化的进一步发展

到了 20 世纪 90 年代，一些研究人员开始探索如何利用虚拟化技术解决同廉价硬件激增相关的一些问题，如利用率不足、管理成本不断攀升和易受攻击等问题。

直到近几年，软硬件方面的进步才使得虚拟化技术逐渐出现在基于行业标准的中低端服务器上。毫无疑问，虚拟化正在重组 IT 工业，同时它也正在支撑起云计算。云计算的平台包括三类服务：基础实施即服务（IaaS）、平台即服务（PaaS）、软件即服务（SaaS），而这三类服务的基础都是虚拟化平台。如果把云计算单纯理解为虚拟化，其实也并不为过，因为没有虚拟化的云计算，是不可能实现按需计算的目标的。

3.1.3 虚拟化带来的好处

和传统 IT 资源分配的应用方式相比，使用虚拟化的优势如下。

1. 提高资源利用率

通过整合服务器可以将共用的基础架构资源率聚合到资源池中，打破原有的一台服务器一个应用程序的模式。为了达到资源的最大利用，虚拟化把一个硬件虚拟成多个硬件，这里的一个硬件指的不是一个个体，而是由一个个个体组成的一组资源。例如，将多个硬盘组成阵列、将多个硬盘视为计算机的硬盘部分。用户将许多资源组成一个庞大的、计算能力十分巨大的"巨型计算机"，再将这个巨型计算机虚拟成多个独立的系统，这些系统相互独立，但共享资源，这就是虚拟化的精髓。

传统的 IT 企业为每一项业务应用部署一台单独的服务器，服务器的规模通常是针对峰值配置，服务器规模（处理能力）远远大于服务器的平均负载，服务器在大部分时间处于空闲状态，资源得不到最大利用。而使用虚拟化技术可以动态调用空闲资源，减小服务器规模，从而提高资源利用率。

2. 降低成本，节能减排

现在的能源使用越来越紧张，机房空间不可能无限扩展。通过使用虚拟化，可以使所需的服务器及相关 IT 硬件的数量变少，这样不仅可以减少占地空间，同时也能减少电力和散热需求。通过使用管理工具，可帮助提高服务器/管理员比率，因此所需人员数量也将随之减少。总的来说，使用虚拟化可以提高资源利用率，减少服务器的采购数量，降低硬件成本以及增加投资的有效性。

3. 统一管理

传统的 IT 服务器资源是一个个相对独立的硬件个体，对每一个资源都要进行相应的维护和升级，这样会耗费企业大量的人力和物力。虚拟化系统将资源整合，在管理上十分方便，在升级时只需添加动作，避开传统的进行容量规划、定制服务器、安装硬件等工作，从而提高工作效率。

4. 提高安全性

用户可以在一台计算机上模拟出多个不同的操作系统,在虚拟系统下的各个子系统相互独立(系统隔离技术),即使一个子系统遭受攻击而崩溃,也不会对其他系统造成影响。而且,在使用备份机制后,子系统在遭受攻击后可以被快速地恢复。同时可以避免不同系统造成的不兼容性。

3.2　虚拟化的分类

实际上,我们通常所说的虚拟化技术是指服务器虚拟化技术。而除此之外,还有网络虚拟化、存储虚拟化以及应用虚拟化。

3.2.1　服务器虚拟化

服务器虚拟化通过区分资源的优先次序,并随时随地将服务器资源分配给最需要它们的工作负载来简化管理和提高效率,从而减少为单个工作负载峰值而储备的资源。

通过服务器虚拟化技术,用户可以动态地启用虚拟服务器(又叫虚拟机),每个服务器实际上可以让操作系统(以及在上面运行的任何应用程序)误以为虚拟机就是实际硬件。运行多个虚拟机还可以充分发挥物理服务器的计算潜能,迅速应对数据中心不断变化的需求。

图 3-2 是一种企业虚拟化服务器的整体解决方案。目前常用的服务器主要分为 UNIX 服务器和 x86 服务器,对 UNIX 服务器而言,IBM、HP、Sun 公司各有自己的技术标准,没有统一的虚拟化技术,因此,目前 UNIX 的虚拟化仍然受具体产品平台的制约,不过 UNIX 服务器虚拟化通常会用到硬件分区技术;而 x86 服务器的虚拟化标准相对开放,下面介绍 x86 服务器的虚拟化技术。

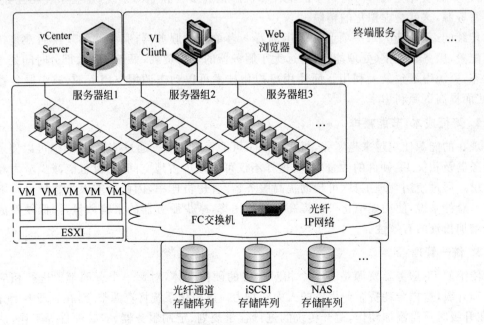

图 3-2　企业虚拟化服务器解决方案

1. 完全虚拟化

使用 Hypervisor 在 VM 和底层硬件之间建立一个抽象层,Hypervisor 捕获 CPU 指令,为指令访问硬件控制器和外设充当中介。这种虚拟化技术几乎能让任何一款操作系统不加改动就可以安装在 VM 上,而它们不知道自己运行在虚拟化环境下。完全虚拟化的主要缺点是 Hypervisor 会带来处理开销。

2. 准虚拟化

完全虚拟化是处理器密集型技术,因为它要求 Hypervisor 管理各个虚拟服务器,并让它们彼此独立。减轻这种负担的一种方法就是,改动客户操作系统,让它以为自己运行在虚拟环境下,能够与 Hypervisor 协同工作,这种方法就叫准虚拟化。准虚拟化技术的优点是性能高。经过准虚拟化处理的服务器可与 Hypervisor 协同工作,其响应能力几乎不亚于未经过虚拟化处理的服务器。

3. 操作系统层虚拟化

实现虚拟化还有一个方法,那就是在操作系统层面增添虚拟服务器功能。就操作系统层的虚拟化而言,没有独立的 Hypervisor 层。相反,主机操作系统本身就负责在多个虚拟服务器之间分配硬件资源,并且让这些服务器彼此独立。一个明显的区别是,如果使用操作系统层虚拟化,所有虚拟服务器必须运行同一操作系统。

3.2.2　网络虚拟化

图 3-3 是网络虚拟化架构,简单来说,网络虚拟化将不同网络的硬件和软件资源结合成一个虚拟的整体。网络虚拟化通常包括虚拟局域网和虚拟专用网。虚拟局域网是其典型的代表,它可以将一个物理局域网划分成多个虚拟局域网,或者将多个物理局域网中的节点划分到一个虚拟局域网中,这样提供一个灵活便捷的网络管理环境,使得大型网络更加易于管理,并且通过集中配置不同位置的物理设备来实现网络的最优化。虚拟专用网络(VPN)是在大型网络(通常是 Internet)中的不同计算机(节点)通过加密连接而组成的虚拟网络,具有类似局域网的功能,虚拟专用网帮助管理员维护 IT 环境,防止来自内网或者外网中的威胁,使用户能够快速、安全地访问应用程序和数据。目前,虚拟专用网应用在大量的办公环境中。

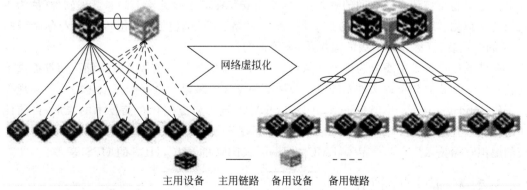

图 3-3　网络虚拟化架构

网络虚拟化应用于企业核心和边缘路由。利用交换机中的虚拟路由特性,用户可以将一个网络划分为使用不同规则来控制的多个子网,而不必再为此购买和安装新的机架或设备。与传统技术相比,它具有更少的运营费用和更低的复杂性。

3.2.3　存储虚拟化

如图 3-4 所示,存储虚拟化就是把各种不同的存储设备有机地结合起来进行使用,从而得到一个容量很大的"存储池",可以给各种服务器进行灵活的使用,并且数据可以在各存储设备间灵活转移。

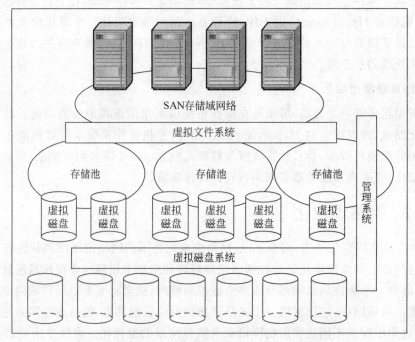

图 3-4　存储虚拟化解决方案

存储虚拟化的基本概念是将实际的物理存储实体与存储的逻辑表示分离开来,应用服务器只与分配给它们的逻辑卷(或称虚卷)打交道,而不用关心其数据是在哪个物理存储实体上。逻辑卷与物理实体之间的映射关系,是由安装在应用服务器上的卷管理软件(称为主机级的虚拟化),或存储子系统的控制器(称为存储子系统级的虚拟化),或加入存储网络 SAN 的专用装置(称为网络级的虚拟化)来管理的。

存储虚拟化技术主要分为硬件和软件两种方式来实现。目前大多数存储厂商都提供了这种技术。微软的分布式文件系统(DFS)从某种意义上来说也是存储虚拟化的一种实现方式。Redundant Array of Independent Disk(RAID)技术是虚拟化存储技术的雏形,目前使用的存储装置还有 Network Attached Storage(NAS)和 Storage Area Network(SAN)。主流的虚拟存储技术厂商和产品有 EMC 的 Invista、IBM 的 SVC、HDS 的 UPS 等。

3.2.4　应用虚拟化

应用虚拟化通常包括两层含义,一是应用软件的虚拟化;二是桌面的虚拟化。所谓的应用软件虚拟化,就是将应用软件从操作系统中分离出来,通过压缩后的可执行文件夹来运行,而不需要任何设备驱动程序或者与用户的文件系统相连。借助于这种技术,用户可以减小应用软件的安全隐患和维护成本,以及进行合理的数据备份与恢复。

桌面虚拟化技术是把应用程序的人机交互逻辑(应用程序界面、键盘及鼠标的操作、音频输入输出、读卡器、打印输出等)与计算逻辑隔离开来,客户端无须安装软件,通过网络连接到应用服务器上,计算逻辑从本地迁移到后台的服务器完成,实现应用的快速交付和统一管理。

采用桌面虚拟化技术之后,将不需要在每个用户的桌面上部署和管理多个软件客户端系统,所有应用客户端系统都将一次性地部署在数据中心的一台专用服务器上,这台服务器就放在应用服务器的前面。客户端也将不需要通过网络向每个用户发送实际的数据,只有虚拟的客户端界面(屏幕图像更新、按键、鼠标移动等)被实际传送并显示在用户的计算机上。这个过程对最终用户是一目了然的,最终用户的感觉好像是实际的客户端软件正在自己的桌面上运行一样。

例如,思杰的 XenDesktop、WyseThinOS、微软的远程桌面服务、微软企业桌面虚拟化(MED V)、VMware View Manager 等软件(如图 3-5 所示的是 View4 桌面虚拟化应用)都已实现桌面虚拟化。

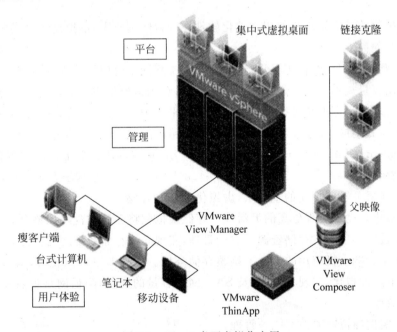

图 3-5   View4 桌面虚拟化应用

3.2.5 技术比较

表 3-1 为 4 种虚拟技术的比较,在这 4 种虚拟化技术中,服务器虚拟化技术、应用虚拟化中的桌面虚拟化技术相对成熟,也是使用较多的技术,而其他虚拟化技术,则还需要在实践中进一步检验和完善。

表 3-1　4 种虚拟化技术的比较

比 较 项 目	服务器虚拟化	存储虚拟化	网络虚拟化	应用虚拟化
产生年代	20 世纪 60 年代	2003 年	20 世纪末期	21 世纪
成熟程度	高	中	低	低
主流厂商	VMware Microsoft IBM HP	EMC HDS IBM	Cisco 3Com	Citrix VMware Microsoft
增强管理性	高	中	中	高
可靠性	高	中	中	中
可用性	高	高	中	高
兼容性	高	中	低	中
可扩展性	高	高	中	中
部署难度	中	高	中	高

3.3　系统虚拟化

系统虚拟化的核心思想是使用虚拟化软件在一台物理机上,虚拟出一台或多台虚拟机。系统虚拟化步骤如下。

第一步,利用虚拟化评估工具进行容量规划,实现同平台应用的资源整合。

首先采用容量规划工具决定每个系统的配置,利用虚拟化评估工具决定整合方案,然后根据总容量需求采用虚拟化进行整合。从整合同平台的应用开始,优先考虑架构相似的、低利用率的、分布式的应用,还要考虑访问高峰时段错开的、多层架构的应用以减少网络流量。基于类似 System z、Power Systems、System x & Blade 三种服务器平台的虚拟化方案可以实现应用的整合。

第二步,在服务器虚拟化的基础上,虚拟化 I/O 和存储。

存储虚拟化有助于实现更高的灵活性。存储虚拟化将多套磁盘阵列整合为统一的存储资源池,并通过单一节点对存储资源池进行管理,实现异构存储系统之间资源共享及通用的复制服务,在不影响主机应用的情况下调整存储环境。实现 I/O 虚拟化,即通过将网卡、交换机和网络节点虚拟化,实现 IP 网络及 SAN 网络容量的优化,降低网络设备复杂度,提高服务器整合效率。

第三步,实现虚拟资源池的统一管理。

虚拟化平台搭建完成后,需要实施有效管理以确保整个 IT 架构的正常运转。IBM 公司可提供基于行业的最佳实践,从战略规划、设计,到实施和维护的 IT 服务,帮用户实现异构平台管理的整合与统一、快速部署和优化资源使用,减少系统管理复杂性。

第四步,从虚拟化迈向云计算,通过云计算实现跨系统的资源动态调整。

云计算是一种计算模式,在这种模式中,应用、数据和 IT 资源以服务的方式通过网络提供给用户使用。大量的计算资源组成 IT 资源池,用于动态创建高度虚拟化的资源供给用户使用。云计算是系统虚拟化的最高境界。

3.4　虚拟化与云计算

　　云计算是业务模式,是产业形态,它不是一种具体的技术。例如 IaaS、PaaS 和 SaaS 都是云计算的表现形式。而虚拟化技术是一种具体的技术,虚拟化和分布式系统都是用来实现云计算的关键技术之一。

　　换句话说,云计算是一种概念,其"漂浮"在空中,故如何使云计算真正落地,成为真正提供服务的云系统是云计算实现的目标。业界已经形成广泛的共识:云计算将是下一代计算模式的演变方向,而虚拟化则是实现这种转变最为重要的基石。虚拟化技术与云计算几乎是相辅相成的,在云计算涉及的地方,都有虚拟化的存在,可以说,虚拟化的技术是云计算实现的关键,没有虚拟化技术,谈不上云计算的实现。所以虚拟化与云计算有着紧密的关系,有了虚拟化的发展,使云计算成为可能,而随着云计算的发展,带动虚拟化技术进一步的成熟和完善。

　　图 3-6 是一个典型的云计算平台。在此平台中,由数台虚拟机所构成的虚拟化硬件平台托起了全部软件层所提供的服务。在虚拟化与云计算共同构成的这样一个整体的架构中,虚拟化有效地分离了硬件与软件,而云计算则让人们将精力更加集中在软件所提供的服务上。云计算必定是虚拟化的,虚拟化给云计算提供了坚定的基础。但是虚拟化的用处并不仅限于云计算,这只是它强大功能中的一部分。

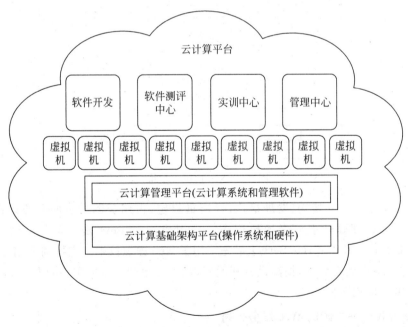

图 3-6　云计算平台

　　虚拟化是一个接口封装和标准化的过程,封装的过程根据不同的硬件有所不同,通过封装和标准化,为在虚拟容器里运行的程序提供适合的运行环境。这样,通过虚拟化技术,可以屏蔽不同硬件平台的差异性,屏蔽不同硬件的差异所带来的软件兼容问题,通过虚拟化技术,可以将硬件的资源通过虚拟化软件重新整合后分配给软件使用。虚拟化技术实现了硬件无差别的封装,这种方式适合于部署在云计算的大规模应用中。

3.5 开源技术

3.5.1 Xen

Xen 是一个开放源代码虚拟机监视器,由剑桥大学开发。它可以在单个计算机上运行多达 100 个满特征的操作系统。操作系统必须进行显式地修改("移植")以在 Xen 上运行。

从图 3-7 中可以看出,Xen 虚拟机可以在不停止的情况下在多个物理主机之间进行实时迁移。在操作过程中,虚拟机在没有停止工作的情况下,内存被反复地复制到目标机器,在最终目的主机开始执行之前,会有一次 60～300ms 的暂停以执行最终的同步化,给用户无缝迁移的感觉。

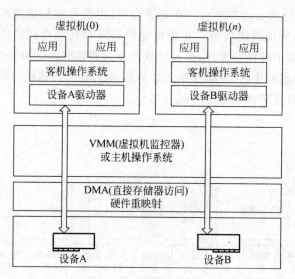

图 3-7　Xen 虚拟机架构

Xen 是一个基于 x86 架构、发展最快、性能最稳定、占用资源最少的开源虚拟化技术。Xen 可以在一套物理硬件上安全地执行多个虚拟机,与 Linux 是一个完美的开源组合,Novell SUSE Linux Enterprise Server 最先采用了 Xen 虚拟技术。它特别适用于服务器应用整合,可有效节省运营成本,提高设备利用率,最大化地利用数据中心的 IT 基础架构。

下面为两个应用案例。

1. 腾讯公司——中国的 Web 服务公司

腾讯公司经过多方测试比较后,最终选择了 Novell SUSE Linux Enterprise Server 中的 Xen 超虚拟化技术。该技术不仅帮助腾讯改善了硬件利用率,并且提高了系统负载变化时的灵活性。腾讯公司人员说:"在引入 Xen 超虚拟化技术后,我们可以在每台物理机器上运行多个虚拟服务器,这意味着我们可以显著地扩大用户群,而不用相应地增加硬件成本。"

2. 宝马集团——驰名世界的高档汽车生产企业

宝马集团（BMW Group）利用 Novell 带有集成 Xen 虚拟化软件的 SUSE Linux Enterprise Server 来执行其数据中心的虚拟化工作，从而降低硬件成本、简化部署流程。采用虚拟化技术使该公司节省了高达 70% 的硬件成本，同时也节省了大量的电力成本。

3.5.2 KVM

KVM 是 Kernel based Virtual Machine 的简称，是一个开源的系统虚拟化模块，自 Linux 2.6.20 之后集成在 Linux 的各个主要发行版本中。它使用 Linux 自身的调度器进行管理，所以相对于 Xen，其核心源码很少。KVM 目前已成为学术界的主流 VMM 之一。

KVM 的虚拟化需要硬件支持（如 Intel VT 技术或者 AMD V 技术）。它是基于硬件的完全虚拟化。图 3-8 是 KVM 的基本结构，其中从下到上分别是：Linux 内核模式、Linux 用户模式以及客户模式。

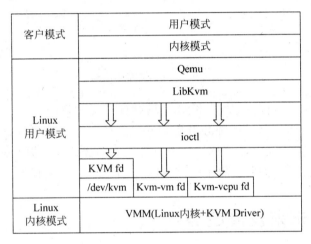

图 3-8　KVM 基本结构

KVM 的应用案例如下。

通过在 IBM Systems x Server 和 V7000 上使用 KVM 虚拟化技术，Vissensa（Vissensa 是一家传统的系统集成商，提供高质量的数据中心托管服务）能够在各种设备中配置移动企业应用程序，从而为企业员工实现单一管理平台，确保他们与通用桌面服务和企业应用程序的连接。通过 KVM 解决方案，Vissensa 能以物美价廉的方式为其客户快速分配容量，轻松进行向上或向下扩展，满足不可预知的需求，按需获得云资源。

3.5.3 OpenVZ

OpenVZ 是 SWsoft Inc. 公司开发的专有软件 Virtuozzo 的基础。OpenVZ 的授权为 GPLv2。图 3-9 是 OpenVZ 的基本结构，简单来说，OpenVZ 由两部分组成，一个经修改过的操作系统核心和用户工具。

OpenVZ 是基于 Linux 内核和作业系统的操作系统级虚拟化技术。OpenVZ 允许物理服务器运行多个操作系统，被称为虚拟专用服务器（Virtual Private Server，VPS）或虚拟环

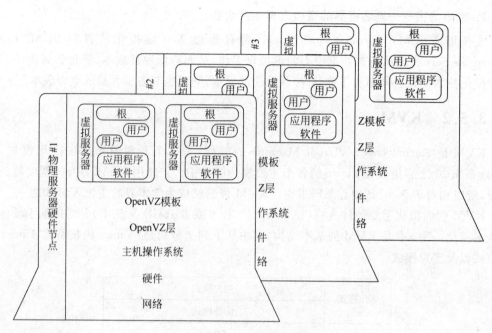

图 3-9   OpenVZ 基本结构

境(Virtual Environment,VE)。与 VMware 这种虚拟机和 Xen 这种半虚拟化技术相比，OpenVZ 的 host OS 和 guest OS 都必须是 Linux(虽然在不同的虚拟环境里可以用不同的 Linux 发行版)。但是，OpenVZ 声称这样做有性能上的优势。根据 OpenVZ 网站的说法，使用 OpenVZ 与使用独立的服务器相比，性能只会有 1%～3%的损失。

3.6   虚拟化未来发展趋势

从整体的虚拟化技术应用及发展来看，以下几点可能会成为未来的发展趋势。

1. 连接协议标准化

桌面虚拟化连接协议目前有 VMware 的 PCoIP、Citrix 的 ICA、微软的 RDP 等。未来桌面连接协议标准化之后，将解决终端和云平台之间的广泛兼容性，形成良性的产业链结构。

2. 平台开放化

作为基础平台，封闭架构会带来不兼容性，并且无法支持异构虚拟机系统，也难以支撑开放合作的产业链需求。而随着云计算时代的来临，虚拟化管理平台逐步走向开放平台架构，多种厂家的虚拟机可以在开放的平台架构下共存，不同的应用厂商可以基于开放平台架构下不断地丰富云应用。

3. 公有云私有化

在公有云场景下(如产业园区)，整体 IT 架构构建在公有云上。在这种情况下对于数据的安全性有非常高的要求。可以说，如果不能解决公有云的安全性，就难以推进企业 IT

架构向公有云模式的转变。在公有云场景下，云服务提供商需要提供类似于 VPN 的技术，把企业的 IT 架构变成叠加在公有云上的"私有云"，这样既享受了公有云的服务便利性，又可以保证私有数据的安全性。

4. 虚拟化客户端硬件化

和传统的 PC 终端相比，当前的桌面虚拟化和应用虚拟化技术对于"富媒体"（指具有动画、声音、视频和交互性的信息传播方法）的客户体验还是有一定的差距的，主要原因是其对于 2D/3D/视频/Flash 等"富媒体"缺少硬件辅助虚拟化支持。随着虚拟化技术越来越成熟以及其广泛的应用，终端芯片将可能逐步加强对于虚拟化的支持，从而通过硬件辅助处理来提升"富媒体"的用户体验。特别是对于 PAD、智能手机等移动终端设备来说，如果对虚拟化指令有较好的硬件辅助支持，这将有利于实现虚拟化技术在移动终端的落地。

云计算时代是开放、共赢的时代，作为云计算基础架构的虚拟化技术，将会不断有新的技术变革，逐步增强开放性、安全性、兼容性以及用户体验。

习题

1. 虚拟化的定义是什么？
2. 为什么要使用虚拟化？
3. 虚拟化与云计算的关系是什么？
4. 虚拟化技术包括哪些？

第 **4** 章

云计算的应用

本章介绍常见的云计算应用,包括谷歌的云计算平台和应用、亚马逊的弹性计算云、IBM 的蓝云计算平台、清华大学透明计算平台、阿里云和 Microsoft Azure。通过本章的学习,读者能够对常见的云应用有所了解。

4.1 概述

云计算资源规模庞大,服务器数量众多并分布在不同的地点,同时运行着数百种应用,如何有效地管理这些服务器,保证整个系统提供不间断的服务,是巨大的挑战。

云计算系统的平台管理技术能够使大量的服务器协同工作,方便地进行业务部署和开通,快速发现和恢复系统故障,通过自动化、智能化的手段实现大规模系统的可靠运营。

云计算作为一种新型的计算模式,还处于早期发展阶段。众多大小不一、类型各异的提供商提供了各自基于云计算的应用服务。

"云应用"是"云计算"概念的子集,是云计算技术在应用层的体现。云应用跟云计算最大的不同在于,云计算作为一种宏观技术发展概念而存在,而云应用则是直接面对客户解决实际问题的产品。

云应用的工作原理是把传统软件"本地安装、本地运算"的使用方式变为"即取即用"的服务,通过互联网或局域网连接并操控远程服务器集群,完成业务逻辑或运算任务的一种新型应用。云应用的主要载体为互联网技术,以瘦客户端(Thin Client)或智能客户端(Smart Client)的展现形式,其界面实质上是 HTML 5、JavaScript 或 Flash 等技术的集成。云应用不但可以帮助用户降低 IT 成本,更能大大提高工作效率,因此传统软件向云应用转型的发展革新浪潮已经不可阻挡。

云应用具有云计算技术概念的所有特性,概括来讲分为以下三个方面。

1. 跨平台性

大部分的传统软件应用只能运行在单一的系统环境中,例如,某些应用只能安装在 Windows XP 下,而对于较新的 Windows 8、Window 10 系统或 Windows 之外的系统,如 OSX 与 Linux,又或者是当前流行的 Android 与 iOS 等智能设备操作系统,则不能兼容使用。在现今这个智能操作系统兴起、传统 PC 操作系统早已不再是 Windows XP 一统天下的局面下,云应用的跨平台特性可以帮助用户大大降低使用成本,并提高工作效率。

2. 易用性

复杂的设置是传统软件的特色,越是强大的软件应用,其设置也越复杂。而云应用不但完全有能力实现不输于传统软件的强大功能,更把复杂的设置变得极其简单。云应用不需要用户进行传统软件那样的下载、安装等复杂部署流程,更可借助于远程服务器集群时刻同步的云特性,免去用户永无止境的软件更新之苦。如果云应用有任何更新,用户只需简单地操作(如刷新一下网页),便可完成升级并开始使用最新的功能。

3. 轻量性

安装众多的传统本地软件不但会拖慢计算机,更带来了如隐私泄漏、木马病毒等诸多安全问题。云应用的界面说到底是 HTML 5、JavaScript 或 Flash 等技术的集成,其轻量的特点首先保证了应用的流畅运行,让计算机重新"健步如飞"。优秀的云应用更提供了银行级的安全防护,将传统由本地木马或病毒所导致的隐私泄漏、系统崩溃等风险降到最低。

常见的提供商如下。

1. Amall 中国云应用平台

中国云应用平台为中小企业提供办公软件、财务软件、营销软件、推广软件、网络营销软件等的在线购买和快速部署,并提供免费的软件试用平台。其独有的应用软件与云计算服务器一体化的概念,帮助企业快速部署各项软件应用,实现快速的云应用。

2. Gleasy 云操作系统

Gleasy 是一款面向个人和企业用户的云服务平台,可通过网页及客户端两种方式登录,乍看和 PC 操作系统十分接近,其中包括即时通信、邮箱、OA、网盘、办公协同等多款云应用,用户也可以通过应用商店安装自己想要的云应用。

Gleasy 由杭州格畅科技开发,团队认为云应用已十分普及,但始终无集中管理的平台。用户(特别是企业用户)需要一个一次登录即可解决日常应用需求的环境。

Gleasy 的"一盘"云存储,包括在线编辑及直接共享等功能。

Gleasy 从"系统"上看由三个层次组成:基础环境、系统应用、应用商店和开放平台。

基础环境为运行和管理云应用的基础环境,包括 Gleasy 桌面、账号管理、G 币充值与消费、消息中心等。

系统应用主要包含一说(即时通信)、一信(邮箱)、一盘(文件云存储及在线编辑)、联系人(名片、好友动态、个人主页)、记事本、表格等在线编辑工具及图片查看器、PDF 阅读器等辅助性工具。

应用商店及开放平台类似于 PC 上的可安装软件或智能手机中的 App。第三方应用经过改造后可入驻,目前有美图秀秀、金山词霸、挖财记账、虾米音乐等应用。

3. 燕麦企业云盘

燕麦企业云盘(OATOS)一改云计算技术方案难懂、昂贵、部署复杂等缺点,通过潜心钻研把云计算方案变成"即取即用"的云应用程序,从而方便了企业的云信息化转型之路。燕麦企业云盘云应用程序包括云存储、即时通信、云视频会议、移动云应用(支持 iOS 及 Android)等。

4. Google Apps for Business

Google 公司是云应用的探路人,为云应用在企业特别是中小企业中的普及做出了卓越的贡献。Google 企业云应用产品 Google Apps for Business 在全球已经拥有了 400 万企业客户。Google Apps for Business 为企业提供了邮件、日程管理、存储、文档、信息保险箱等众多企业云应用程序。

5. Microsoft Office 365

传统企业办公软件龙头微软公司也推出了其云应用 Office 365 产品,这预示着微软公司已经清楚意识到云应用的未来发展价值。Office 365 将微软公司旗下的众多企业服务器软件,如 Exchange Server、SharePoint、Lync、Office 等以云应用的方式提供给客户,企业客户只需按需付费即可。

4.2 Google 公司的云计算平台与应用

Google 公司的云计算技术实际上是针对 Google 公司特定的网络应用程序而定制的。针对内部网络数据规模超大的特点,Google 公司提出了一整套基于分布式并行集群方式的基础架构,利用软件的能力来处理集群中经常发生的节点失效问题。

从 2003 年开始,Google 公司连续几年在计算机系统研究领域顶级的会议与杂志上发表论文,揭示其内部的分布式数据处理方法,向外界展示其使用的云计算核心技术。从其近几年发表的论文来看,Google 公司使用的云计算基础架构模式包括 4 个相互独立又紧密结合在一起的系统。包括 Google 建立在集群之上的文件系统 Google File System、针对 Google 公司应用程序的特点提出的 Map/Reduce 编程模式、分布式的锁机制 Chubby 以及 Google 开发的模型简化的大规模分布式数据库 BigTable。

4.2.1 MapReduce 分布式编程环境

为了让内部非分布式系统方向背景的员工能够有机会将应用程序建立在大规模的集群基础之上,Google 公司还设计并实现了一套大规模数据处理的编程规范 MapReduce 系统。这样,非分布式专业的程序编写人员也能够为大规模的集群编写应用程序而不用去顾虑集群的可靠性、可扩展性等问题。应用程序编写人员只需要将精力放在应用程序本身,而关于集群的处理问题,则交由平台来处理。

MapReduce 通过 Map(映射)和 Reduce(化简)这样两个简单的概念来参加运算,用户只需要提供自己的 Map 函数以及 Reduce 函数,就可以在集群上进行大规模的分布式数据处理。

据称,Google 公司的文本索引方法,即搜索引擎的核心部分,已经通过 MapReduce 的方法进行了改写,获得了更加清晰的程序架构。在 Google 公司内部,每天有上千个 MapReduce 的应用程序在运行。

4.2.2　分布式大规模数据库管理系统 BigTable

构建于上述两项基础之上的第三个云计算平台就是 Google 公司关于将数据库系统扩展到分布式平台上的 BigTable 系统。很多应用程序对于数据的组织还是非常有规则的。一般来说,数据库对于处理格式化的数据还是非常方便的,但是由于关系数据库很强的一致性要求,很难将其扩展到很大的规模。为了处理 Google 公司内部大量的格式化以及半格式化数据,Google 公司构建了弱一致性要求的大规模数据库系统 BigTable。据称,现在有很多 Google 公司的应用程序建立在 BigTable 之上,例如 Search History、Maps、Orkut 和 RSS 阅读器等。

BigTable 模型中的数据模型包括行列以及相应的时间戳,所有的数据都存放在表格中的单元里。BigTable 的内容按照行来划分,将多个行组成一个小表,保存到某一个服务器节点中。这一个小表就被称为 Tablet。

以上是 Google 公司内部云计算基础平台的三个主要部分。除了这三个部分之外,Google 公司还建立了分布式程序的调度器、分布式的锁服务等一系列相关的云计算服务平台。

4.2.3　Google 的云应用

除了上述云计算基础设施之外,Google 公司还在其云计算基础设施之上建立了一系列新型网络应用程序。由于借鉴了异步网络数据传输的 Web 2.0 技术,这些应用程序给予用户全新的界面感受以及更加强大的多用户交互能力。其中,典型的 Google 公司云计算应用程序就是 Google 公司推出的与 Microsoft Office 软件进行竞争的 Docs 网络服务程序。Google Docs 是一个基于 Web 的工具,它具有与 Microsoft Office 相近的编辑界面,有一套简单易用的文档权限管理,而且它还记录下所有用户对文档所做的修改。Google Docs 的这些功能令它非常适用于网上共享与协作编辑文档。Google Docs 甚至可以用于监控责任清晰、目标明确的项目进度。当前,Google Docs 已经推出了文档编辑、电子表格、幻灯片演示、日程管理等多个功能的编辑模块,能够替代 Microsoft Office 的一部分相应功能。通过这种云计算方式形成的应用程序非常适合于多个用户进行共享以及协同编辑,为一个小组的人员进行共同创作带来很大的便利。

Google Docs 是云计算的一种重要应用,即可以通过浏览器的方式访问远端大规模的存储与计算服务。云计算能够为大规模的新一代网络应用打下良好的基础。

虽然 Google 公司可以说是云计算的最大实践者,但是,Google 公司的云计算平台是私有的环境,特别是 Google 公司的云计算基础设施还没有开放出来。除了开放有限的应用程序接口,例如 GWT(Google Web Toolkit)和 Google Map API 等,Google 公司并没有将云计算的内部基础设施共享给外部的用户使用,上述的所有基础设施都是私有的。

幸运的是,Google 公司公开了其内部集群计算环境的一部分技术,使得全球的技术开发人员能够根据这一部分文档构建开源的大规模数据处理云计算基础设施,其中最有名的项目即 Apache 旗下的 Hadoop 项目。而下面两个云计算的实现则为外部的开发人员以及中小公司提供了云计算的平台环境,使得开发者能够在云计算的基础设施之上构建自己的新型网络应用。其中,IBM 的蓝云计算平台是可供销售的计算平台,用户可以基于这些软硬件产品自己构建云计算平台。亚马逊的弹性计算云则是托管式的云计算平台,用户可以通过远端的操作界面直接使用。

4.3 亚马逊的弹性计算云

亚马逊公司是互联网上最大的在线零售商,同时也为独立开发人员以及开发商提供云计算服务平台。亚马逊公司将他们的云计算平台称为弹性计算云(Elastic Compute Cloud,EC2),是最早提供远程云计算平台服务的公司。

4.3.1 开放的服务

与 Google 公司提供的云计算服务不同,Google 公司仅为自己在互联网上的应用提供云计算平台,独立开发商或者开发人员无法在这个平台上工作,因此只能转而通过开源的 Hadoop 软件支持来开发云计算应用。亚马逊公司的弹性计算云服务也和 IBM 公司的云计算服务平台不一样,亚马逊公司不销售物理的云计算服务平台,没有类似于“蓝云”一样的计算平台。亚马逊公司将自己的弹性计算云建立在公司内部大规模集群计算的平台之上,而用户可以通过弹性计算云的网络界面去操作在云计算平台上运行的各个实例(Instance),付费方式则由用户的使用状况决定,即用户仅需要为自己所使用的计算平台实例付费,运行结束后计费也随之结束。

从沿革上来看,弹性计算云并不是亚马逊公司推出的第一项这种服务,它由名为亚马逊网络服务的现有平台发展而来。早在 2006 年 3 月,亚马逊公司就发布了简单存储服务(Simple Storage Service,S3),这种存储服务按照每个月类似租金的形式进行服务付费,同时用户还需要为相应的网络流量进行付费。亚马逊网络服务平台使用 REST(Representational State Transfer)和简单对象访问协议(SOAP)等标准接口,用户可以通过这些接口访问到相应的存储服务。

2007 年 7 月,亚马逊公司推出了简单队列服务(Simple Queue Service,SQS),这项服务使托管主机可以存储计算机之间发送的消息。通过这一项服务,应用程序编写人员可以在分布式程序之间进行数据传递,而无须考虑消息丢失的问题。通过这种服务方式,即使消息的接收方还没有模块启动也没有关系。服务内部会缓存相应的消息,一旦有消息接收组件被启动运行,则队列服务将消息提交给相应的运行模块进行处理。同样地,用户必须为这种消息传递服务进行付费,计费的规则与存储计费规则类似,依据消息的个数以及消息传递的大小进行收费。2016 年,亚马逊公司云计算平台直接提供 AI SaaS,意味着这方面的创业机会基本消失。

在亚马逊公司提供上述服务的时候,并没有从头开始开发相应的网络服务组件,而是对公司已有的平台进行优化和改造,一方面满足了本身网络零售购物应用程序的需求,另一方面也供外部开发人员使用。

在开放了上述的服务接口之后,亚马逊公司进一步在此基础上开发了 EC2 系统,并且开放给外部开发人员使用。

4.3.2　灵活的工作模式

亚马逊公司的云计算模式沿袭了简单易用的传统,并且建立在亚马逊公司现有的云计算基础平台之上。弹性计算云用户使用客户端通过 SOAP over HTTPS 协议来实现与亚马逊公司弹性计算云内部的实例进行交互。使用 HTTPS 协议的原因是为了保证远端连接的安全性,避免用户数据在传输的过程中造成泄漏。因此,从使用模式上来看,弹性计算云平台为用户或者开发人员提供了一个虚拟的集群环境,使得用户的应用具有充分的灵活性,同时也减轻了云计算平台拥有者(亚马逊公司)的管理负担。

而弹性计算云中的实例是一些真正在运行中的虚拟机服务器,每一个实例代表一个运行中的虚拟机。对于提供给某一个用户的虚拟机,该用户具有完整的访问权限,包括针对此虚拟机的管理员用户权限。虚拟服务器的收费也是根据虚拟机的能力进行计算的,因此,实际上用户租用的是虚拟的计算能力,简化了计费方式。在弹性计算云中,提供了三种不同能力的虚拟机实例,具有不同的收费价格。如其中默认的最小的运行实例是 1.7GB 的内存、一个 EC2 的计算单元、160GB 虚拟机内部存储容量的一个 32 位的计算平台,收费标准为 10 美分/小时。在当前的计算平台中,还有两种性能更加强劲的虚拟机实例可供使用,当然价格也更加昂贵一点儿。

由于用户在部署网络程序的时候,一般会使用超过一个运行实例,需要很多个实例共同工作。弹性计算云的内部也架设了实例之间的内部网络,使得用户的应用程序在不同的实例之间可以通信。在弹性计算云中的每一个计算实例都具有一个内部的 IP 地址,用户程序可以使用内部 IP 地址进行数据通信,以获得数据通信的最好性能。每一个实例也具有外部的地址,用户可以将分配给自己的弹性 IP 地址分配给自己的运行实例,使得建立在弹性计算云上的服务系统能够为外部提供服务。当然,亚马逊公司也对网络上的服务流量计费,计费规则也按照内部传输以及外部传输进行分开。

4.3.3　总结

亚马逊公司通过提供弹性计算云,减少了小规模软件开发人员对于集群系统的维护,并且收费方式相对简单明了,用户使用多少资源,只需要为这一部分资源付费即可。这种付费方式与传统的主机托管模式不同。传统的主机托管模式让用户将主机放到托管公司,用户一般需要根据最大或者计划的容量进行付费,而不是根据使用情况进行付费,而且可能还需要根据服务的可靠性、可用性等付出更多费用,而很多时候,服务并没有进行满额资源使用。但是根据亚马逊公司的模式,用户只需要为实际使用情况付费即可。

在用户使用模式上,亚马逊公司的弹性计算云要求用户要创建基于亚马逊规格的服务器映像(名为亚马逊机器映像,即亚马逊 Machine Image,AMI)。弹性计算云的目标是服务器映像能够拥有用户想要的任何一种操作系统、应用程序、配置、登录和安全机制,但是当前情况下,它只支持 Linux 内核。通过创建自己的 AMI,或者使用亚马逊公司预先为用户提供的 AMI,用户在完成这一步骤后将 AMI 上传到弹性计算云平台,然后调用亚马逊的应用编程接口(API),对 AMI 进行使用与管理。AMI 实际上就是虚拟机的映像,用户可以使用它们来完成任何工作,如运行数据库服务器、构建快速网络下载的平台、提供外部搜索服务甚至可以出租自己具有特色的 AMI 而获得收益等。用户所拥有的多个 AMI 可以通过通信而彼此合作,就像当前的集群计算服务平台一样。

在弹性计算云将来的发展过程中,亚马逊公司也规划了如何在云计算平台之上帮助用户开发 Web 2.0 的应用程序。亚马逊公司认为除了它所依赖的网络零售业务之外,云计算也是亚马逊公司的核心价值所在。可以预见,在将来的发展过程中,亚马逊公司必然会在弹性计算云的平台上添加更多的网络服务组件模块,为用户构建云计算应用提供方便。

4.4 IBM 蓝云云计算平台

IBM 公司在 2007 年 11 月 15 日推出了蓝云云计算平台,为客户带来"即买即用"的云计算平台。它包括一系列的云计算产品,使得计算不仅局限在本地机器或远程服务器农场(即服务器集群),通过架构一个分布式、可全球访问的资源结构,使得数据中心在类似于互联网的环境下运行计算。

通过 IBM 公司的技术白皮书,可以一窥蓝云云计算平台的内部构造。蓝云云计算平台建立在 IBM 大规模计算领域的专业技术基础上,基于由 IBM 软件、系统技术和服务支持的开放标准和开源软件。简单地说,蓝云云计算平台是基于 IBM Almaden 研究中心(Almaden Research Center)的云基础架构,包括 Xen 和 PowerVM 虚拟化、Linux 操作系统映像以及 Hadoop 文件系统与并行构建。蓝云云计算平台由 IBM Tivoli 软件支持,通过管理服务器来确保基于需求的最佳性能。这包括通过能够跨越多服务器实时分配资源的软件为客户带来一种无缝体验,加速性能并确保在最苛刻环境下的稳定性。IBM 公司新近发布的蓝云计划,帮助用户进行云计算环境的搭建。它通过将 Tivoli、DB2、WebSphere 与硬件产品(目前是 x86 刀片服务器)集成,为企业架设一个分布式、可全球访问的资源结构。根据 IBM 的计划,首款支持 Power 和 x86 处理器刀片服务器系统的蓝云产品已于 2008 年推出,随后推出了基于 System z 大型主机的云环境和基于高密度机架集群的云环境。

在 IBM 的云计算白皮书上,可以看到蓝云云计算平台配置情况,如图 4-1 所示。

可以看到,蓝云云计算平台由一个包含 IBM Tivoli 部署管理软件(Tivoli Provisioning Manager)、IBM Tivoli 监控软件(IBM Tivoli Monitoring)、IBM WebSphere 应用服务器、IBM DB2 数据库以及一些虚拟化的组件的数据中心共同组成。

蓝云云计算平台的硬件平台并没有什么特殊的地方,但是蓝云云计算平台使用的软件平台相较于以前的分布式平台具有不同的地方,主要体现在对于虚拟机的使用以及对于大规模数据处理软件 Apache Hadoop 的部署。Hadoop 是网络开发人员根据 Google 公司公开的资料开发出来的类似于 Google File System 的 Hadoop File System 以及相应的 Map/Reduce 编程规范。由于 Hadoop 是开源的,因此可以被用户单位直接修改,以适合应用的特殊需求。IBM 公司的蓝云云计算平台产品则直接将 Hadoop 软件集成到自己本身的云计算平台之上。

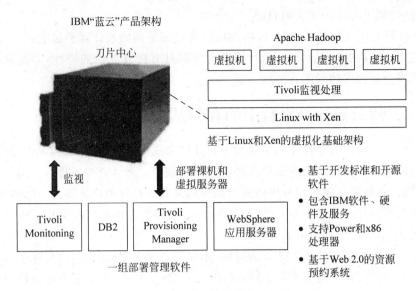

图 4-1 蓝云云计算的高层结构

4.4.1 蓝云云计算平台中的虚拟化

从蓝云云计算平台的结构上还可以看出,在每一个节点上运行的软件栈与传统的软件栈,一个很大的不同在于蓝云云计算平台内部使用了虚拟化技术。虚拟化的方式在云计算中可以在两个级别上实现。一个级别是在硬件级别上实现虚拟化。硬件级别的虚拟化可以使用 IBM P 系列的服务器,获得硬件的逻辑分区 LPAR。逻辑分区的 CPU 资源能够通过 IBM Enterprise Workload Manager 来管理。通过这样的方式再加上在实际使用过程中的资源分配策略,能够使得相应的资源合理地分配到各个逻辑分区。P 系列系统的逻辑分区最小粒度是 1/10 颗中央处理器(CPU)。

虚拟化的另外一个级别可以通过软件来获得,在蓝云云计算平台中使用了 Xen 虚拟化软件。Xen 也是一个开源的虚拟化软件,能够在现有的 Linux 基础之上运行另外一个操作系统,并通过虚拟机的方式灵活地进行软件部署和操作。

通过虚拟机的方式进行云计算资源的管理具有特殊的好处。由于虚拟机是一类特殊的软件,能够完全模拟硬件的执行,因此能够在上面运行操作系统,进而保留一整套运行环境语义。这样,可以将整个执行环境通过打包的方式传输到其他物理节点上,就能够使得执行环境与物理环境隔离,方便整个应用程序模块的部署。总体来说,通过将虚拟化的技术应用到云计算的平台,可以获得如下一些良好的特性。

(1)云计算的管理平台能够动态地将计算平台定位到所需要的物理平台上,而无须停止运行在虚拟机平台上的应用程序,这比采用虚拟化技术之前的进程迁移方法更加灵活。

(2)能够更加有效率地使用主机资源,将多个负载不是很重的虚拟机计算节点合并到同一个物理节点上,从而能够关闭空闲的物理节点,达到节约电能的目的。

(3)通过虚拟机在不同物理节点上的动态迁移,能够获得与应用无关的负载平衡性能。由于虚拟机包含整个虚拟化的操作系统以及应用程序环境,因此在进行迁移的时候带着整个运行环境,达到了与应用无关的目的。

(4) 在部署上也更加灵活,即可以将虚拟机直接部署到物理计算平台中。

总而言之,通过虚拟化的方式,云计算平台能够具有极其灵活的特性,而如果不使用虚拟化的方式则会有很多的局限。

4.4.2　蓝云云计算平台中的存储结构

蓝云云计算平台中的存储体系结构对于云计算来说也是非常重要的,无论是操作系统、服务程序还是用户应用程序的数据都保存在存储体系中。云计算并不排斥任何一种有用的存储体系结构,而是需要跟应用程序的需求结合起来获得最好的性能提升。总体来说,云计算的存储体系结构包含类似于 Google File System 的集群文件系统以及基于块设备方式的存储区域网络 SAN 系统两种方式。

在设计云计算平台存储体系结构的时候,不仅需要考虑存储的容量,实际上随着硬盘容量的不断扩充以及硬盘价格的不断下降,使用当前的磁盘技术,可以很容易通过使用多个磁盘的方式获得很大的磁盘容量。相较于磁盘的容量,在云计算平台的存储中,磁盘数据的读写速度却是一个更重要的问题。单个磁盘的速度很有可能限制应用程序对于数据的访问,因此在实际使用的过程中,需要将数据分布到多个磁盘之上,并且通过对于多个磁盘的同时读写达到提高速度的目的。在云计算平台中,数据如何放置是一个非常重要的问题,在实际使用的过程中,需要将数据分配到多个节点的多个磁盘当中。而能够达到这一目的的存储技术趋势当前有两种方式:一种是使用类似于 Google File System 的集群文件系统;另外一种是基于块设备的存储区域网络 SAN 系统。

Google 文件系统前面已经做过一定的描述。在 IBM 公司的蓝云云计算平台中使用的是它的开源实现 Hadoop HDFS(Hadoop Distributed File System)。这种使用方式将磁盘附着于节点的内部,并且为外部提供一个共享的分布式文件系统空间,并且在文件系统级别做冗余以提高可靠性。在合适的分布式数据处理模式下,这种方式能够提高总体的数据处理效率。Google 文件系统的这种架构与 SAN 系统有很大的不同。

SAN 系统也是云计算平台的另外一种存储体系结构选择,在蓝云平台上也有一定的体现,IBM 也提供 SAN 系统的平台,能够接入到蓝云云计算平台中。如图 4-2 所示是一个 SAN 系统的结构示意图。

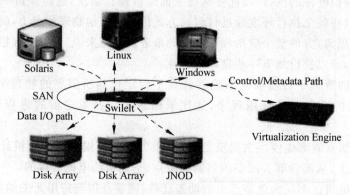

图 4-2　SAN 系统结构示意图

SAN 系统是在存储端构建存储的网络中,将多个存储设备构成一个存储区域网络。前端的主机可以通过网络的方式访问后端的存储设备。由于提供了块设备的访问方式,因此与前端操作系统无关。在 SAN 系统连接方式上,可以有多种选择。一种选择是使用光纤网络,能够操作快速的光纤磁盘,适合于对性能与可靠性要求比较高的场所;另外一种选择是使用以太网,采取 iSCSI 协议,能够运行在普通的局域网环境下,从而降低了成本。由于存储区域网络中的磁盘设备并没有与某一台主机绑定在一起,而是采用了非常灵活的结构,因此对于主机来说可以访问多个磁盘设备,从而能够获得性能的提升。在存储区域网络中,使用虚拟化的引擎来进行逻辑设备到物理设备的映射,管理前端主机到后端数据的读写。因此虚拟化引擎是存储区域网络中非常重要的管理模块。

SAN 系统与分布式文件系统(例如 Google File System)并不是相互对立的系统,而是在构建集群系统的时候可供选择的两种方案。其中,在选择 SAN 系统的时候,为了应用程序的读写,还需要为应用程序提供上层的语义接口,此时就需要在 SAN 系统之上构建文件系统。而 Google File System 正好是一个分布式的文件系统,因此能够建立在 SAN 系统之上。总体来说,SAN 系统与分布式文件系统都可以提供类似的功能,例如对于出错的处理等。至于如何使用,还是需要由建立在云计算平台之上的应用程序来决定。

4.5 清华大学透明计算平台

清华大学张尧学教授领导的研究小组从 1998 年开始就从事透明计算系统和理论的研究,2004 年前后正式提出,并不断完善了透明计算的概念和相关理论。

随着硬件、软件以及网络技术的发展,计算模式从大型计算机逐渐过渡到微型个人计算机的方式,近年来又过渡到普适计算上。但是用户仍然很难获得异构类型的操作系统以及应用程序,在轻量级的设备上很难获得完善的服务。而在透明计算中,用户无须感知计算具体所在位置以及操作系统、中间件、应用等技术细节,只需要根据自己的需求,通过连通在网络之上的各种设备选取相应的服务。如图 4-3 所示,显示了透明计算平台的三个重要组成部分。

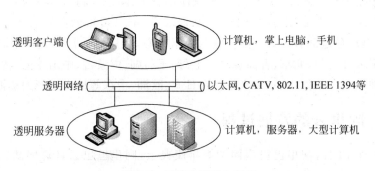

图 4-3 透明计算平台组成

用户的显示界面是前端的轻权设备,包括各种个人计算机、笔记本、PDA、智能手机等,被统称为透明客户端。透明客户端可以是没有安装任何软件的裸机,也可以是装有部分核心软件平台的轻巧性终端。中间的透明网络则整合了各种有线和无线网络传输设施,主要用来在各种透明客户端与后台服务器之间完成数据的传递，而用户无须意识到网络的存在。与云计算基础服务设施构想一致，透明服务器不排斥任何一种可能的服务提供方式，既可通过当前流行的 PC 服务器集群方式来构建透明服务器集群，也可使用大型服务器等。前透明计算平台已经达到了平台异构的目的，能够支持 Linux 以及 Windows 操作系统的运行。用户具有很大的灵活性，能够自主选择自己所需要的操作系统运行在透明客户端上。透明服务器使用了流行的 PC 服务器集群的方式，预先存储了各种不同的操作平台，包括操作系统的运行环境、应用程序以及相应的数据。每个客户端从透明服务器上获取并建立整个运行环境以满足用户对于不同操作环境的需求。由于用户之间的数据相互隔离，因此服务器集群可以选取用户相对独立的方式进行存储，使得整个系统能够扩展到很大的规模。在服务器集群之上进行相应的冗余出错处理，很好地保护了每个用户的透明计算数据安全性。

4.6　阿里云

阿里云是阿里巴巴集团旗下的云计算品牌，全球卓越的云计算技术和服务提供商，创立于 2009 年，在杭州、北京、硅谷等地设有研发中心和运营机构。

4.6.1　阿里云简介

阿里云创立于 2009 年，是中国的云计算平台，服务范围覆盖全球两百多个国家和地区。阿里云致力于为企业、政府等组织机构提供最安全、可靠的计算和数据处理能力，让计算成为普惠科技和公共服务，为万物互联的 DT 世界提供源源不断的新能源。

阿里云的服务群体包括微博、知乎、魅族、锤子科技、小咖秀等一大批明星互联网公司。在天猫"双 11"全球狂欢节、12306 春运购票等极具挑战性的应用场景中，阿里云保持着良好的运行纪录。此外，阿里云广泛在金融、交通、基因、医疗、气象等领域输出一站式的大数据解决方案。

2014 年，阿里云曾帮助用户抵御全球互联网史上最大的 DDoS 攻击，峰值流量达到 453.8Gb/s。在 Sort Benchmark 2015 世界排序竞赛中，阿里云利用自研的分布式计算平台 ODPS，377s 完成 100TB 数据排序，刷新了 Apache Spark 1406s 的世界纪录。

阿里云在全球各地部署高效节能的绿色数据中心，利用清洁计算支持不同的互联网应用。目前，阿里云在杭州、北京、青岛、深圳、上海、千岛湖、内蒙古、中国香港、新加坡、美国硅谷、俄罗斯等地域设有数据中心，未来还将在日本、欧洲、中东等地设立新的数据中心。

4.6.2　阿里云的发展过程

2009 年 9 月 10 日，阿里巴巴集团十周年庆典上，阿里巴巴云计算团队以独立身份出现，命名为"阿里云"的子公司正式成立。

从 2010 年开始，阿里云正式对外提供云计算商业服务，希望能够帮助更多的中小企业、金融、科研机构、政府部门，实现计算资源的互联网化。

针对不同行业的特点，阿里云提供了政务、游戏、金融、电商、移动、医疗、多媒体、物联网、O2O 等行业解决方案。其中，金融云是为金融行业量身定制的云计算服务，具备低成本、高弹性、高可用、安全合规的特性，帮助金融客户实现从传统 IT 向云计算的转型，助力金融客户业务创新。

电商云又名"聚石塔"，其价值在于把"电商"和"云"的价值结合，基于阿里云强大的云计算产品技术，结合淘宝开放平台的电商数据及服务，为电子商务生态中的服务商、商家提供安全、弹性、高效、稳定的基础运行环境。

2013 年 8 月，阿里云成为世界上第一个对外提供 5K 云计算服务能力的公司。飞天 5K 单点服务器集群拥有超过 10 万核计算的能力、100PB 存储空间，可处理 15 万并发任务数，承载亿级别文件数目。

2014 年 7 月，阿里云计算最重要的产品 ODPS 正式开放商用。ODPS 可在 6 小时内处理 100PB 数据。通过 ODPS 在线服务，小型公司花几百元即可分析海量数据。

2014 年 8 月，阿里云发布"云合计划"，希望能够与合作伙伴一起构建适应 DT（Data Technology）时代的云生态体系。阿里云在这个生态圈里的定位非常清楚——生态圈的最底层，提供云计算的基础服务，如弹性计算、存储服务、大规模计算等。

2014 年 11 月，运行在阿里云计算上的"中国药品电子监管网"，正式通过国家信息安全等级保护三级测评。这是全国首例部署在"云端"的部委级应用系统。

2014 年 12 月，阿里云抵御了全球互联网史上最大 DDoS 的攻击。攻击时间长达 14 小时，攻击峰值流量达到 453.8Gb/s。

2015 年，阿里云加快了全球化步伐，陆续启用新加坡数据中心、美国硅谷两个大型数据中心，扩建中国香港数据中心。2015 年 5 月，迪拜领军企业 Meraas 控股集团和阿里云正式签署合作协议，合资成立全新的技术型企业，为中东、北非地区的企业以及政府机构提供服务。2015 年 6 月，阿里云启动全球合作伙伴计划（MAP），在世界范围内寻找顶尖的合作伙伴，一同构建适应 DT 时代的云生态体系。英特尔、新加坡电信、迪拜 Meraas 控股集团等首批加入。2015 年 11 月，阿里云完成中国香港数据中心的规模扩大，正式启用该数据中心第二个可用区（Availability Zone）。此外，阿里云国际站也同步上线。截止到 2015 年 11 月，阿里云在杭州、北京、青岛、深圳、上海、千岛湖、中国香港、新加坡、硅谷 9 个地域设有数据中心，未来还会在日本、欧洲、中东等地设立新的数据中心。

2015 年 7 月 29 日，阿里巴巴集团宣布对阿里云战略增资 60 亿，用于国际业务拓展、云计算、大数据领域基础和技术的研发，以及 DT 生态体系的建设。阿里巴巴集团 CEO 张勇表示，"阿里巴巴集团对云计算的投入放在最高战略优先级"。同一天，阿里巴巴集团与用友网络科技股份有限公司在北京签署全面战略合作协议。

阿里巴巴集团发布 2015 年财报显示，阿里云前三个季度分别获得了 82%、106%、128% 的增速，超越亚马逊和微软的云计算业务增速，成为全球增速最快的云计算服务商。

2015 年，云计算在成为各个领域基础设施的同时，进一步发挥了计算的力量，数据成为新的能源。2015 年 4 月，中石化与阿里云共同宣布展开技术合作，借助云计算和大数据，部分传统石油化工业务将进行升级，新的商业服务模式将会展开。2015 年 5 月，华夏保险决定采用云和分布式技术重构其电商业务系统，新的电商系统将基于阿里金融云进行建设，华夏保险成为国内首家将关键业务部署到公共云平台的人寿保险机构。2015 年 7 月，阿里云宣布联合中国科学院成立全新的实验室，共同开展在量子信息科学领域的前瞻性研究，研制量子计算机。2015 年 10 月，阿里云与英特尔、华大基因合作，共建中国乃至亚太地区首个定位精准医疗应用云平台,促进精准医疗的发展。

2015年10月,阿里云"2015杭州云栖大会"吸引了全球两万多名开发者参加,阿里云及其合作伙伴在大会上展示了量子计算、人工智能等前沿科技,同时发布15款新品。同时,阿里云新的品牌口号——"为了无法计算的价值"曝光。

2015年天猫"双11",阿里云用技术支撑912亿交易额,每秒交易创建峰值达14万笔。全球最大规模混合云架构、全球首个核心交易系统上云、1000千米外交易支付"异地多活"、全球首个金融级数据库OceanBase等世界级的技术,通过阿里云向外输出。

大数据时代,云计算成为经济社会发展的基础设施。政府成为云计算最为积极的实践者之一。目前,全国引入阿里云计算的省份和直辖市包括海南、浙江、贵州、广西、河南、河北、宁夏、新疆、甘肃、广东、吉林、天津、云南、福建、上海等。

各地政府希望借助云计算推动电子政务、政府网络采购、交通、医疗、旅游、商圈服务等政府公共服务的电商化、无线化、智慧化应用,同时推动传统工业、金融业、服务业的转型升级,催生带动一批本地创新创业企业发展。浙江省水利厅将台风路径实时发布系统搬上阿里云,以应对台风天突增时的上百倍访问量;2014年5月,中国气象局与阿里云达成合作,共同挖掘气象大数据的价值;2015年5月,中国交通通信信息中心研发、运营的宝船网2.0系统与阿里云合作,使公众可以查询全球超过30万艘船舶的实时位置和历史轨迹。

截至2014年6月,阿里云服务的政府、企业客户超过140万,涵盖电子商务、数字娱乐、金融服务、医疗健康、气象、政府管理等多个领域。

4.6.3 阿里云的主要产品

阿里云的产品致力于提升运维效率,降低IT成本,令使用者更专注于核心业务发展。

1. 底层技术平台

阿里云独立研发的飞天开放平台(Apsara),负责管理数据中心Linux集群的物理资源,控制分布式程序运行,隐藏下层故障恢复和数据冗余等细节,从而将数以千计甚至万计的服务器联成一台"超级计算机",并且将这台超级计算机的存储资源和计算资源,以公共服务的方式提供给互联网上的用户。

2. 弹性计算

(1) 云服务器ECS。一种简单高效、处理能力可弹性伸缩的计算服务。

(2) 云引擎ACE。一种弹性、分布式的应用托管环境,支持Java、PHP、Python、Node.js等多种语言环境。帮助开发者快速开发和部署服务端应用程序,并简化系统维护工作。搭载了丰富的分布式扩展服务,为应用程序提供强大助力。

(3) 弹性伸缩。根据用户的业务需求和策略,自动调整其弹性计算资源的管理服务,其能够在业务增长时自动增加ECS实例,并在业务下降时自动减少ECS实例。

3. 云数据库

(1) 云数据库RDS。一种即开即用、稳定可靠、可弹性伸缩的在线数据库服务。基于飞天分布式系统和高性能存储,RDS支持MySQL、SQL Server、PostgreSQL和PPAS(高度兼容Oracle)引擎,并且提供了容灾、备份、恢复、监控、迁移等方面的全套解决方案。

(2) 开放结构化数据服务OTS。构建在阿里云飞天分布式系统之上的NoSQL数据库服务,提供海量结构化数据的存储和实时访问。OTS 以实例和表的形式组织数据,通过数据分片和负载均衡技术,实现规模上的无缝扩展。应用通过调用 OTS API/SDK 或者操作管理控制台来使用 OTS 服务。

(3) 开放缓存服务 OCS。在线缓存服务,为热点数据的访问提供高速响应。

(4) 键值存储 KVStore for Redis。兼容开源 Redis 协议的 Key Value 类型在线存储服务。KVStore 支持字符串、链表、集合、有序集合、哈希表等多种数据类型及事务(Transactions)、消息订阅与发布(Pub/Sub)等高级功能。通过内存加硬盘的存储方式,KVStore 在提供高速数据读写能力的同时满足数据持久化需求。

(5) 数据传输。支持以数据库为核心的结构化存储产品之间的数据传输。它是一种集数据迁移、数据订阅及数据实时同步于一体的数据传输服务。数据传输的底层数据流基础设施为数千下游应用提供实时数据流,已在线上稳定运行三年之久。

4. 存储与 CDN

(1) 对象存储 OSS。阿里云对外提供的海量、安全和高可靠的云存储服务。

(2) 归档存储。作为阿里云数据存储产品体系的重要组成部分,致力于提供低成本、高可靠的数据归档服务,适合于海量数据的长期归档、备份。

(3) 消息服务。一种高效、可靠、安全、便捷、可弹性扩展的分布式消息与通知服务。消息服务能够帮助应用开发者在他们应用的分布式组件上自由地传递数据,构建松耦合系统。

(4) CDN。内容分发网络将源站内容分发至全国所有的节点,缩短用户查看对象的延迟,提高用户访问网站的响应速度与网站的可用性,解决网络带宽小、用户访问量大、网点分布不均等问题。

5. 网络

(1) 负载均衡。对多台云服务器进行流量分发的负载均衡服务。负载均衡可以通过流量分发扩展应用系统对外的服务能力,通过消除单点故障提升应用系统的可用性。

(2) 专有网络 VPC。帮助基于阿里云构建出一个隔离的网络环境。可以完全掌控自己的虚拟网络,包括选择自有 IP 地址范围、划分网段、配置路由表和网关等,也可以通过专线/VPN 等连接方式将 VPC 与传统数据中心组成一个按需定制的网络环境,实现应用的平滑迁移上云。

6. 大规模计算

(1) 开放数据处理服务 ODPS。由阿里云自主研发,提供针对 TB/PB 级数据、实时性要求不高的分布式处理能力,应用于数据分析、挖掘、商业智能等领域。阿里巴巴的离线数据业务都运行在 ODPS 上。

(2) 采云间 DPC。基于开放数据处理服务(ODPS)的 DW/BI 的工具解决方案。DPC 提供全链路的易于上手的数据处理工具,包括 ODPS IDE、任务调度、数据分析、报表制作和元数据管理等,可以大大降低用户在数据仓库和商业智能上的实施成本,加快实施进度。天弘基金、高德地图的数据团队基于 DPC 完成他们的大数据处理需求。

(3) 批量计算。一种适用于大规模并行批处理作业的分布式云服务。批量计算可支持海量作业并发规模,系统自动完成资源管理、作业调度和数据加载,并按实际使用量计费。

批量计算广泛应用于电影动画渲染、生物数据分析、多媒体转码、金融保险分析等领域。

（4）数据集成。阿里集团对外提供的稳定高效、弹性伸缩的数据同步平台，为阿里云大数据计算引擎（包括 ODPS、分析型数据库、OSPS）提供离线（批量）、实时（流式）的数据进出通道。

7. 云盾

（1）DDoS 防护服务。针对阿里云服务器在遭受大流量的 DDoS 攻击后导致服务不可用的情况下，推出的付费增值服务，用户可以通过配置高防 IP，将攻击流量引流到高防 IP，确保源站的稳定可靠。免费为阿里云上客户提供最高 5G 的 DDoS 防护能力。

（2）安骑士。阿里云推出的一款免费云服务器安全管理软件，主要提供木马文件查杀、防密码暴力破解、高危漏洞修复等安全防护功能。

（3）阿里绿网。基于深度学习技术及阿里巴巴多年的海量数据支撑，提供多样化的内容识别服务，能有效帮助用户降低违规风险。

（4）安全网络。一款集安全、加速和个性化负载均衡为一体的网络接入产品。用户通过接入安全网络，可以缓解业务被各种网络攻击造成的影响，提供就近访问的动态加速功能。

（5）DDoS 高防 IP。针对互联网服务器（包括非阿里云主机）在遭受大流量的 DDoS 攻击后导致服务不可用的情况下，推出的付费增值服务，用户可以通过配置高防 IP，将攻击流量引流到高防 IP，确保源站的稳定可靠。

（6）网络安全专家服务。在云盾 DDoS 高防 IP 服务的基础上，推出的安全代维托管服务。该服务由阿里云云盾的 DDoS 专家团队为企业客户提供私家定制的 DDoS 防护策略优化、重大活动保障、人工值守等服务，让企业客户在日益严重的 DDoS 攻击下高枕无忧。

（7）服务器安全托管。为云服务器提供定制化的安全防护策略、木马文件检测和高危漏洞检测与修复工作。当发生安全事件时，阿里云安全团队提供安全事件分析、响应，并进行系统防护策略的优化。

（8）渗透测试服务。针对用户的网站或业务系统，通过模拟黑客攻击的方式，进行专业性的入侵尝试，评估出重大安全漏洞或隐患的增值服务。

（9）态势感知。专为企业安全运维团队打造，结合云主机和全网的威胁情报，利用机器学习，进行安全大数据分析的威胁检测平台。可让客户全面、快速、准确地感知过去、现在、未来的安全威胁。

8. 管理与监控

（1）云监控。一个开放性的监控平台，可实时监控站点和服务器，并提供多种告警方式（短信、旺旺、邮件）以保证及时预警，为站点和服务器的正常运行保驾护航。

（2）访问控制。一个稳定可靠的集中式访问控制服务。可以通过访问控制将阿里云资源的访问及管理权限分配给企业成员或合作伙伴。

9. 应用服务

（1）日志服务。针对日志收集、存储、查询和分析的服务。日志服务可收集云服务和应用程序生成的日志数据并编制索引，提供实时查询海量日志的能力。

（2）开放搜索。解决用户结构化数据搜索需求的托管服务，支持数据结构、搜索排序、数据处理自由定制。

（3）媒体转码。为多媒体数据提供的转码计算服务。它以经济、弹性和高可扩展的音视频转换方法，将多媒体数据转码成适合在 PC、TV 以及移动终端上播放的格式。

（4）性能测试。全球领先的 SaaS 性能测试平台，具有强大的分布式压测能力，可模拟海量用户真实的业务场景，让应用性能问题无所遁形。性能测试包含两个版本，Lite 版适合于业务场景简单的系统，免费使用，企业版适合于承受大规模压力的系统，同时每月提供免费额度，可以满足大部分企业客户。

（5）移动数据分析。一款移动 App 数据统计分析产品，提供通用的多维度用户行为分析，支持日志自主分析，助力移动开发者实现基于大数据技术的精细化运营，提升产品质量和体验，增强用户黏性。

10. 万网服务

阿里云旗下万网域名，连续 19 年蝉联域名市场第一名，近一千万个域名在万网注册。除域名外，提供云服务器、云虚拟主机、企业邮箱、建站市场、云解析等服务。2015 年 7 月，阿里云官网与万网网站合二为一，万网旗下的域名、云虚拟主机、企业邮箱和建站市场等业务深度整合到阿里云官网，用户可以在网站上完成网络创业的第一步。

4.7 Microsoft Azure

4.7.1 Microsoft Azure 简介

Windows Azure 是微软基于云计算的操作系统，现在更名为 Microsoft Azure，和 Azure Services Platform 一样，是微软"软件和服务"技术的名称。Microsoft Azure 的主要目标是为开发者提供一个平台，帮助开发可运行在云服务器、数据中心、Web 和 PC 上的应用程序。云计算的开发者能使用微软全球数据中心的储存、计算能力和网络基础服务。Azure 服务平台包括以下主要组件：Microsoft Azure，Microsoft SQL 数据库服务、Microsoft.NET 服务，用于分享、储存和同步文件的 Live 服务，针对商业的 Microsoft SharePoint 和 Microsoft Dynamics CRM 服务。

Microsoft Azure 是一种灵活和支持互操作的平台，它可以被用来创建云中运行的应用或者通过基于云的特性来加强现有应用。它开放式的架构给开发者提供了 Web 应用、互联设备的应用、个人计算机、服务器或者提供最优在线复杂解决方案的选择。Microsoft Azure 以云技术为核心，提供了软件加服务的计算方法。它是 Microsoft Azure 服务平台的基础。Microsoft Azure 能够将处于云端的开发者个人能力同微软全球数据中心网络托管的服务，例如存储、计算和网络基础设施服务，紧密结合起来。

微软会保证 Microsoft Azure 服务平台自始至终的开放性和互操作性。确信企业的经营模式和用户从 Web 获取信息的体验将会因此改变。最重要的是，这些技术将使用户有能力决定，是将应用程序部署在以云计算为基础的互联网服务上，还是将其部署在客户端，或者根据实际需要将二者结合起来。

4.7.2　Microsoft Azure 架构

Microsoft Azure 是专为在微软建设的数据中心管理所有服务器、网络以及存储资源所开发的一种特殊版本的 Windows Server 操作系统,它具有针对数据中心架构的自我管理(Autonomous)机能,可以自动监控划分在数据中心数个不同的分区(微软将这些分区称为Fault Domain)的所有服务器与存储资源,自动更新补丁,自动运行虚拟机部署与镜像备份(Snapshot Backup)等能力。Microsoft Azure 被安装在数据中心的所有服务器中,并且定时和中控软件(Microsoft Azure Fabric Controller)进行沟通,接收指令以及回传运行状态数据等,系统管理人员只要通过 Microsoft Azure Fabric Controller 就能够掌握所有服务器的运行状态,Fabric Controller 本身是融合了很多微软系统管理技术的集成,包含对虚拟机的管理(System Center Virtual Machine Manager)、对作业环境的管理(System Center Operation Manager),以及对软件部署的管理(System Center Configuration Manager)等,在 Fabric Controller 中被发挥得淋漓尽致,如此才能够具备通过 Fabric Controller 来管理在数据中心中所有服务器的能力。

Microsoft Azure 环境除了各式不同的虚拟机外,它也为应用程序打造了分散式的巨量存储环境(Distributed Mass Storage),也就是 Microsoft Azure Storage Services,应用程序可以根据不同的存储需求来选择使用哪一种或哪几种存储的方式,以保存应用程序的数据,而微软也尽可能提供应用程序的兼容性工具或接口,以降低应用程序移转到 Windows Azure 上的负担。

Microsoft Azure 不但是开发给外部的云应用程序使用的,它也作为微软许多云服务的基础平台,像 Microsoft Azure SQL Database 或 Dynamic CRM Online 这类在线服务。

4.7.3　Microsoft Azure 服务平台

Microsoft Azure 服务平台现在已经包含网站、虚拟机、云服务、移动应用服务、大数据支持以及媒体等功能的支持。

1. 网站

允许使用 ASP. NET、PHP 或 Node. js 构建,并使用 FTP、Git 或 TFS 进行快速部署,支持 SQL Database、Caching、CDN 及 Storage。

2. Virtual Machines

在 Microsoft Azure 上可以轻松部署并运行 Windows Server 和 Linux 虚拟机;迁移应用程序和基础结构,而无须更改现有代码;支持 Windows Virtual Machines、Linux Virtual Machines、Storage、Virtual Network、Identity 等功能。

3. Cloud Services

Microsoft Azure 中的企业级云平台,使用 PaaS 环境创建高度可用且可无限缩放的应用程序和服务;支持多层方案、自动化部署和灵活缩放;支持 Cloud Services、SQL Database、Caching、Business Analytics、Service Bus、Identity。

4. Mobile 服务

Microsoft Azure 提供的移动应用程序的完整后端解决方案,加速连接的客户端应用程序开发。在几分钟内并入结构化存储、用户身份验证和推送通知。支持 SQL Database、Mobile 服务,并可以快速生成 Windows Phone、Android 或 iOS 应用程序项目。

5. 大型数据处理

Microsoft Azure 提供的海量数据处理能力,可以从数据中获取可执行洞察力,利用完全兼容的企业准备就绪 Hadoop 服务。PaaS 产品/服务提供了简单的管理,并与 Active Directory 和 System Center 集成。支持 Hadoop、Business Analytics、Storage、SQL Database 及在线商店 Marketplace。

6. Media 媒体支持

支持插入、编码、保护、流式处理,可以在云中创建、管理和分发媒体。此 PaaS 产品/服务提供从编码到内容保护再到流式处理和分析支持的所有内容,支持 CDN 及 Storage 存储。

4.7.4 开发步骤

1. 使用 Windows Azure 的专用工具

微软公司的旗舰开发工具 Visual Studio 中有一套针对 Microsoft Azure 开发工作的工具,这一点并不让人感到惊奇。可以通过 Visual Studio 安装 Microsoft Azure 工具,具体的安装步骤可能因版本而有所不同。创建一个新项目时,能够选择一个 Microsoft Azure 项目并为用户的项目添加 Web 和 Worker 角色。Web 角色是专为运行微软 IIS 实例而设计的,而 Worker 角色则是针对禁用微软 IIS 的 Windows 虚拟机的。一旦创建了自己的角色,就可以添加特定应用程序的代码了。

Visual Studio 可允许用户设置服务配置参数,例如实例数、虚拟机容量、是使用 HTTP 还是 HTTPS,以及诊断报告水平等。通常情况下,在启动阶段,它可以帮助用户在本地进行应用程序代码调试。与在 Microsoft Azure 中运行应用程序相比,在本地运行应用程序可能需要不同的配置设置,但 Visual Studio 可允许用户使用多个配置文件。而用户所需要做的,只是为每一个环境选择一个合适的配置文件。

这个工具包还包括 Microsoft Azure Compute Emulator,这个工具可支持查看诊断日志和进行存储仿真。

如果 Microsoft Azure 工具中缺乏一个针对发布用户的应用程序至云计算的过程简化功能,那么这个工具将是不完整的。这个发布应用程序至云计算的功能可允许指定一个配置与环境(如生产)以及一些先进的功能,例如启用剖析和 IntelliTrace,后者是一个收集与程序运行相关详细事件信息的调试工具,它允许开发人员查看程序在执行过程中发生的状态变化。

2. 专为分布式处理进行设计

当开发和部署代码时,Visual Studio 的 Microsoft Azure 工具是比较有用的。除此之外,用户应当注意,这些代码是专门为云计算环境而设计的,尤其是为一个分布式环境设计的。以下的小贴士可有助于防止出现将导致糟糕性能、漫长调试以及运行时分析的潜在问题。

专门为云计算设计的分布式应用程序(或者其他的网络应用程序)的一个基本原则就是,不要在网络服务器上存储应用程序的状态信息。确保在网络服务器层不保存状态信息可实现更具灵活性的应用程序。可以在一定数量的服务器前部署一个负载平衡器而无须中断应用程序的运行。如果计划充分利用 Microsoft Azure 能够改变所部属服务器数量的功能,那么这一点是特别重要的。这一配置对于打补丁升级也是有所帮助的。我们可以在其他服务器继续运行时为一台服务器打补丁升级,这样一来就能够确保应用程序的可用性。

即便是在分布式应用程序的应用中,也有可能存在严重影响性能的瓶颈问题。例如,你的应用程序的多个实例有可能会同时向数据库发出查询请求。如果所有的调用请求是同步进行的,那么就有可能消耗完一台服务器中的所有可用线程。C♯和 VB 两种编程语言都支持异步调用,这一功能有助于减少出现阻塞资源风险的可能性。

3. 为最佳性能进行规划

在云计算中维持足够性能表现的关键就是,一方面扩大你运行的服务器数量,另一方面分割你的数据和工作负载。诸如无状态会话的设计功能,就能够帮助实现数据与工作负载的分割和运行服务器数量的扩容。完全杜绝(或者至少最大限度地减少)跨多个工作负载地使用全局数据结构将有助于降低在你的工作流程中出现瓶颈问题的风险。

如果你将把一个 SQL 服务器应用程序迁往 Microsoft Azure,那么就应当评估如何最好地利用不同云计算存储类型的优势。例如,在你的 SQL 服务器数据库中存储二进制大对象(BLOB)数据结构可能是有意义的,而在 Microsoft Azure 云计算中,BLOB 存储可以降低存储成本且无须对代码进行显著修改。如果你使用的是高度非归一化的数据模型,且未利用 SQL 服务器的关系型运行的优势(例如连接和过滤),那么表存储有可能是你为你的应用程序选择的一个更经济的方法。

习题

1. 什么是云应用?
2. 百度云是否属于云应用?

第5章

大数据概念和发展背景

5.1 什么是大数据

大数据是一个不断发展的概念,可以指任何体量或复杂性超出常规数据处理方法的处理能力的数据。数据本身可以是结构化、半结构化甚至是非结构化的,随着物联网技术与可穿戴设备的飞速发展,数据规模变得越来越大,内容越来越复杂,更新速度越来越快,大数据研究和应用已成为产业升级与新产业崛起的重要推动力量。

从狭义上讲,大数据主要是指处理海量数据的关键技术及其在各个领域中的应用,是指从各种组织形式和类型的数据中发掘有价值的信息的能力。一方面,狭义的大数据反映的是数据规模之大,以至于无法在一定时间内用常规数据处理软件和方法对其内容进行有效的抓取、管理和处理;另一方面,狭义的大数据主要是指海量数据的获取、存储、管理、计算分析、挖掘与应用的全新技术体系。

从广义上讲,大数据包括大数据技术、大数据工程、大数据科学和大数据应用等与大数据相关的领域。大数据工程是指大数据的规划、建设、运营、管理的系统工程;大数据科学主要关注大数据网络发展和运营过程中发现和验证大数据的规律及其与自然和社会活动之间的关系。

5.2 大数据的特点

学术界已经总结了大数据的许多特点,包括体量巨大、速度极快、模态多样、潜在价值大等。

IBM 公司使用 3V 来描述大数据的特点。

（1）Volume（体量）。通过各种设备产生的海量数据体量巨大，远大于目前互联网上的信息流量。

（2）Variety（多样）。大数据类型繁多，在编码方式、数据格式、应用特征等多个方面存在差异，既包含传统的结构化数据，也包含类似于 XML、JSON 等半结构化形式和更多的非结构化数据；既包含传统的文本数据，也包含更多的图片、音频和视频数据。

（3）Velocity（速率）。数据以非常高的速率到达系统内部，这就要求处理数据段的速度必须非常快。

后来，IBM 公司又在 3V 的基础上增加了 Value（价值）维度来表述大数据的特点，即大数据的数据价值密度低，因此需要从海量原始数据中进行分析和挖掘，从形式各异的数据源中抽取富有价值的信息。

IDC 公司则更侧重于从技术角度的考量：大数据处理技术代表了新一代的技术架构，这种架构能够高速获取和处理数据，并对其进行分析和深度挖掘，总结出具有高价值的数据。

大数据的"大"不仅是指数据量的大小，也包含大数据源的其他特征，如不断增加的速度和多样性。这意味着大数据正以更加复杂的格式从不同的数据源高速向我们涌来。

大数据有一些区别于传统数据源的重要特征，不是所有的大数据源都具备这些特征，但是大多数大数据源都会具备其中的一些特征。

大数据通常是由机器自动生成的，并不涉及人工参与，如引擎中的传感器会自动生成关于周围环境的数据。

大数据源通常设计得并不友好，甚至根本没有被设计过，如社交网站上的文本信息流，我们不可能要求用户使用标准的语法、语序等。

因此大数据很难从直观上看到蕴藏的价值大小，所以创新的分析方法对于挖掘大数据中的价值尤为重要，更是迫在眉睫。

5.3 大数据发展

大数据技术是一种新一代技术和构架，它成本较低，以快速的采集、处理和分析技术从各种超大规模的数据中提取价值。大数据技术不断涌现和发展，让我们处理海量数据更加容易、便宜和迅速，成为利用数据的好助手，甚至可以改变许多行业的商业模式。大数据技术的发展可以分为以下六大方向。

（1）大数据采集与预处理方向。这个方向最常见的问题是数据的多源和多样性，导致数据的质量存在差异，严重影响到数据的可用性。针对这些问题，目前很多公司已经推出了多种数据清洗和质量控制工具（如 IBM 公司的 Data Stage）。

（2）大数据存储与管理方向。这个方向最常见的挑战是存储规模大，存储管理复杂，需要兼顾结构化、非结构化和半结构化的数据。分布式文件系统和分布式数据库相关技术的发展正在有效地解决这些方面的问题。在大数据存储和管理方向，尤其值得我们关注的是大数据索引和查询技术、实时及流式大数据存储与处理的发展。

（3）大数据计算模式方向。由于大数据处理多样性的需求，目前出现了多种典型的计算模式，包括大数据查询分析计算（如 Hive）、批处理计算（如 Hadoop MapReduce）、流式计算(如 Storm)、迭代计算(如 HaLoop)、图计算(如 Pregel)和内存计算(如 HANA),这些计算模式的混合计算方法将成为满足多样性大数据处理和应用需求的有效手段。

(4) 大数据分析与挖掘方向。在数据量迅速增加的同时,还要进行深度的数据分析和挖掘,并且对自动化分析要求越来越高。越来越多的大数据分析工具和产品应运而生,如用于大数据挖掘的 RHadoop 版、基于 MapReduce 开发的数据挖掘算法等。

(5) 大数据可视化分析方向。通过可视化方式来帮助人们探索和解释复杂的数据,有利于决策者挖掘数据的商业价值,进而有助于大数据的发展。很多公司也在开展相应的研究,试图把可视化引入其不同的数据分析和展示的产品中,各种可能相关的商品将会不断出现。可视化工具 Tableau 的成功上市反映了大数据可视化的需求。

(6) 大数据安全方向。当我们在用大数据分析和数据挖掘获取商业价值的时候,黑客很可能在向我们攻击,收集有用的信息。因此,大数据的安全一直是企业和学术界非常关注的研究方向。文件访问控制权限 ACL、基础设备加密、匿名化保护技术和加密保护等技术正在最大程度地保护数据安全。

5.4 大数据应用

大数据在各行各业的应用越来越频繁与深入,接下来将以几个具体的例子讲述大数据在行业中的应用。

(1) 梅西百货的实时定价机制。根据需求和库存的情况,该公司基于 SAS 的系统对多达 7300 万种货品进行实时调价。

(2) Tipp24 AG 针对欧洲博彩业构建的下注和预测平台。该公司用 KXEN 软件来分析数十亿计的交易以及客户的特性,然后通过预测模型对特定用户进行动态的营销活动。这项举措减少了 90% 的预测模型构建时间。

(3) 沃尔玛的搜索。这家零售业寡头为其网站 Walmart.com 自行设计了最新的搜索引擎 Polaris,利用语义数据进行文本分析、机器学习和同义词挖掘等。根据沃尔玛的说法,语义搜索技术的运用使得在线购物的完成率提升了 10%~15%。

(4) 快餐业的视频分析。其主要通过视频分析等候队列的长度,然后自动变化电子菜单显示的内容。如果队列较长,则显示可以快速供给的食物;如果队列较短,则显示利润较高但准备时间相对长的食品。

(5) PredPol 和预测犯罪。PredPol 公司通过与洛杉矶和圣克鲁斯的警方以及一群研究人员合作,基于地震预测算法的变体和犯罪数据来预测犯罪发生的概率,可以精确到 500平方英尺的范围内。在洛杉矶运用该算法的地区,盗窃罪和暴力犯罪分别下降了 33%和 21%。

(6) Tesco PLC(特易购)和运营效率。这家连锁超市在其数据仓库中收集了 700 万部冰箱的数据。通过对这些数据的分析进行更全面的监控,并进行主动的维修以降低整体能耗。

(7) American Express(美国运通,AmEx)和商业智能。以往,AmEx 只能实现事后诸葛式的报告和滞后的预测。专家 Laney 认为,"传统的 BI 已经无法满足业务发展的需要"。于是,AmEx 开始构建真正能够预测忠诚度的模型,基于历史交易数据,用 115 个变量进行分析预测。该公司表示,通过预测,对于澳大利亚将于此后的 4 个月中流失的客户已经能够识别出 24%。

习题

1. 从广义与狭义两方面描述你理解的大数据。
2. 简要陈述大数据的 4V 特点。
3. 简要描述大数据发展的六大方向。
4. 结合现实陈述两个大数据的应用场景。

第**6**章

大数据系统架构概述

这里讲的系统架构设计指的是企业大数据系统设计。深处时代变革中的企业又一次面临大数据这一信息技术革命带来的冲击，企业要么积极拥抱变化，提前做出变革；要么静观其变，择机而动。不管选择哪种方式，都是继互联网之后对企业的又一次智慧的考验。

企业信息化涉及企业的各个方面，是一项复杂的系统工程，一般要经历从初始到不断成熟的过程。对于数据管理阶段和成熟阶段，美国管理信息系统专家诺兰发表了著名的企业信息系统进化的阶段模型，即诺兰模型。诺兰认为，在数据管理阶段，企业高层已经意识到了企业信息战略的重要性，并开始着手企业信息资源的统一规划；在数据成熟阶段，企业和数据是同步发展的，数据是企业面貌的镜像，企业可以依据数据做出发展决策。

6.1 总体架构概述

6.1.1 总体架构设计原则

企业级大数据应用框架需要满足业务的需求：一是要求能够满足基于数据容量大、数据类型多、数据流通快的大数据基本处理需求，能够支持大数据的采集、存储、处理和分析；二是要能够满足企业级应用在可用性、可靠性、可扩展性、容错性、安全性和保护隐私等方面的基本准则；三是要能够满足用原始技术和格式来实现的数据分析的基本要求。

1. 满足大数据的 V3 要求

1）大数据容量的加载、处理和分析

要求大数据应用平台经过扩展可以支持 GB、TB、PB、EB 甚至 ZB 规模的数据集。

2）各种类型数据的加载、处理和分析

支持各种各样的数据类型，支持处理交易数据、各种非结构化数据、机器数据以及其他新数据结构；支持极端的混合工作负载，包括数以千计的地理上分布的在线用户和程序，这些用户和程序执行各种各样的请求，范围从临时性的请求到战略分析的请求，同时以批量或流的方式加载数据。

3) 大数据的处理速度

在很高速度(GB/s)的加载过程中集成来自多个来源的数据；以至少每秒千兆字节的速度高速加载数据，随时进行分析；以满负荷速度就地更新数据；不需要预先将维表与事实表群集即可将十亿行的维表加入万亿行的事实表；在传入的加载数据上实时执行某些"流"分析查询。

2. 满足企业级应用的要求

1) 高可扩展性

要求平台符合企业未来业务发展要求以及对新业务的响应，能够支持大规模数据计算的节点可扩展，能适应将来数据结构的变化、数据容量增长、用户的增加、查询要求和服务内容的变化，要求大数据架构具备支持调度和执行数百上千节点的负载工作流。

2) 高可用性

要求平台能够具备实时计算环境所具备的高可用性，在单点故障的情况下能够保证应用的可用性，具备处理节点故障时的故障转义和流程继续的能力。

3) 安全性和保护隐私

系统在数据采集、存储、分析架构上保证数据、网络、存储和计算的安全性，具备保护个人和企业隐私的措施。

4) 开放性

要求平台能够支持计算和存储数以千计的、地理位置可能不同的、可能异构的计算节点，能够识别和整合不同技术和不同厂商开发的工具和应用，能够支持移动应用、互联网应用、社交网络、云计算、物联网、虚拟化、网络、存储等多种计算机设备、计算协议和计算架构。

5) 易用性

系统功能操作是否易用，能否满足大多数企业业务、管理和技术人员的操作习惯；平台具有可编程性，能够支持不同编程工具和语言的集成，具备集成编译环境；能否在处理请求内嵌入任意复杂的用户定义函数(UDF)，以各种行业标准过程语言执行 UDF，组合大部分或全部使用案例的大量可复用 UDF 库，在几分钟内对 PB 级别大小的数据集执行 UDF"关系扫描"。

3. 满足对原始格式数据进行分析的要求

系统具备对复杂的原始格式数据进行整合分析的能力，如对文本数据、数学数据、统计数据、金融数据、图像数据、声音数据、地理空间数据、时序数据、机器数据等进行分析的能力。

6.1.2　总体架构参考模型

基于 Apache 开源技术的大数据平台总体架构参考模型如图 6-1 所示，大数据的产生、组织和处理主要是通过分布式分拣处理系统来实现的，主流的技术是 Hadoop ＋ MapReduce，其中，Hadoop 的分布式文件处理系统(HDFS)作为大数据存储的框架，分布式计算框架 MapReduce 作为大数据处理的框架。

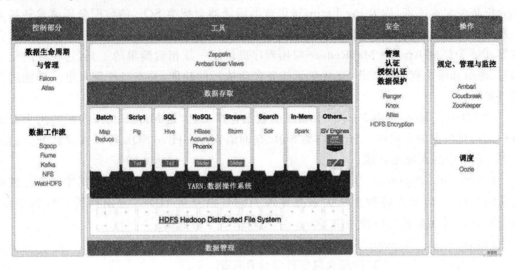

图 6-1　大数据应用平台的总体架构参考模型

1. 大数据基础

这一部分提供了大数据框架的基础,包括序列化、分布式协同等基础服务,构成了上层应用的基础。

(1) Avro。新的数据序列化与传输工具,将逐步取代 Hadoop 原有的 IPC 机制。

(2) ZooKeeper。分布式锁设施,它是一个分布式应用程序的集中配置管理器,用户分布式应用的高性能协同服务,由 Facebook 贡献,也可以独立于 Hadoop 使用。

2. 大数据存储

HDFS 是 Hadoop 分布式文件系统,前面已经介绍过,HDFS 运行于大规模集群之上,集群使用廉价的普通机器构建,整个文件系统采用的是元数据集中管理与数据块分散存储相结合的模式,并通过数据的冗余复制来实现高度容错。分布式文件处理系统架构在通用的服务器、操作系统或虚拟机上。

3. 大数据处理

MapReduce 是分布式并行计算框架,是基于 Map(可理解为"任务分解")和 Reduce(可理解为"结果综合")的函数。基于 MapReduce 写出的应用程序能够运行在由上千个普通机器组成的大型集群上,并以一种可靠容错的方式并行处理 TB 级别以上的数据集。Mapper 和 Reducer 的主代码可以用很多语言编写,Hadoop 的原生语言是 Java,但是 Hadoop 公开 API 用于以 Ruby 和 Python 等其他语言编写代码,还提供了 C++ 接口。在最底层进行 MapReduce 编程显然提供了最大的潜力,但这种编程层次非常像汇编语言的编程。

4. 大数据访问和分析

在 Hadoop+MapReduce 之上架构的是基础平台服务,在基础平台之上是大数据访问和分析的应用服务。大数据访问和分析的框架实现对传统关系型数据库和 Hadoop 的访问,主流技术包括 Pig、Hive、Sqoop、Mahout 等。

（1）Pig。Pig 是基于 Hadoop 的并行计算高级编程语言，它提供一种类似于 SQL 的数据分析高级文本语言，称为 Pig Latin，该语言的编译器会把类 SQL 的数据分析请求转换为一系列经过优化处理的 MapReduce 运算。Pig 支持的常用数据分析主要有分组、过滤、合并等，Pig 为创建 Apache MapReduce 应用程序提供了一款相对简单的工具，它有效简化了编写、理解和维护程序的工作，还优化了任务自动执行的功能，并支持使用自定义功能进行接口扩展。

（2）Hive。Hive 是由 Facebook 贡献的数据仓库工具，是 MapReduce 实现的用来查询分析结构化数据的中间件。Hive 的类 SQL 查询语言——Hive SQL 可以查询和分析储存在 Hadoop 中的大规模数据。

（3）Sqoop。Sqoop 由 Cloudera 开发，是一种用于在 Hadoop 与传统数据库间进行数据传递的开源工具，允许将数据从关系源导入 HDFS 以及从 HDFS 导出到关系型数据库。MapReduce 等函数都可以使用由 Sqoop 导入 HDFS 中的数据。

（4）Mahout。Apache Mahout 项目提供分布式机器学习和数据挖掘库。

（5）Hama。基于 BSP 的超大规模科学计算框架。

6.2　运行架构概述

运行架构设计着重考虑的是企业大数据系统运行期的质量属性，比如性能、可伸缩性和持续可用性。大规模用户并发和海量数据处理是企业大数据系统在运行架构设计时重点要解决的问题。

6.2.1　物理架构

企业大数据系统的各层次系统最终要部署到主机节点中，这些节点通过网络连接成为一个整体，为企业的大数据应用提供物理支撑。如前文所述，企业大数据系统由多个逻辑层组成，多个逻辑层可以映射到一个物理节点上，也可以映射到多个物理节点上。

在映射时需要考虑三个方面的问题：一是是否容易识别，即通过物理节点的 IP 地址就能知道这个节点的作用域，通过多个物理节点的 IP 地址就能知道这些节点是否为一个集群的；二是是否足够集约，对于负载轻的系统，如果每一个软件系统单独部署在一个物理节点，会造成物理节点的浪费；三是是否能够同构，对于物理节点最好能够统一配置，不仅便于统一管理，而且可以实现重用，只需一次配置，多个物理节点同构复制，就可以实现动态扩展。

Google 和 Facebook 公司都采用大量的廉价商用硬件来搭建自己的分布式系统，基于廉价商用硬件搭建的分布式系统在运行效率、可靠性、可扩展性方面都被证明能够经得起大规模、高并发、海量数据的检验。

6.2.2　集成架构

企业大数据系统由多个系统集成而成，每个系统都提供了多种协议和接口，以便企业大数据系统的内部系统间集成和外部系统与大数据系统的集成。

企业大数据系统的集成可以分为总体集成和专项集成。总体集成是指各组成系统间的集成,通过总体集成可以构成高效、可靠、安全运行的企业大数据系统。若企业大数据系统之外的某个应用系统或大数据系统之内的某个应用系统只想与存储系统、调度系统等进行集成,那么可通过调用这些系统开放的接口来实现,这种集成方式就是专项集成。

在实现总体集成时,应用功能集成的方法是同意以代理系统为核心,各应用系统的功能以 Web Service 方式注册在统一代理系统中。统一代理系统既可以作为外部系统与应用系统的中介,为外部系统提供功能服务,同时也可以为内部系统间功能的相互调用提供服务。

应用系统将 Web Service 的服务注册到统一应用代理服务器,由统一代理应用系统将其转化成统一的对外 Web Server。应用系统门户等内外部系统通过调用统一的对外 Web Service 来向统一代理系统发出服务请求。

6.2.3　安全架构

由于企业大数据系统的数据资源和计算资源广泛地分布在多个节点上,所以用户的身份、权限等安全,数据资源的存储、传输、访问等安全,以及计算资源的访问、监控、调整、恢复等安全,都是企业大数据系统在进行安全架构设计时需要考虑的问题。

一般来讲,企业大数据的安全架构由针对三层的安全设计构成,这三层分别是用户层、应用层和数据层。针对每一层的关键行为加入安全因素的设计,以确保系统的整体安全。

用户层的安全主要是指用户身份安全和用户权限安全,主要由统一代理系统来负责。当用户在登录时和登录后访问应用资源、数据资源时,统一代理系统将对用户身份进行认证,对用户权限进行检查。

用户权限也可以直接将原有的用户权限系统集成到大数据系统中,实现对用户权限的管理,但需要对资源目录进行改造。分布式文件的权限管理粒度到文件级,所以在资源目录中对用户的文件授权也只能到文件级。分布式数据的权限管理粒度只能到行级和列级,而不像传统数据库可以到字段表,所以在资源目录中对用户的数据授权也要做出相应的改变。

应用层安全主要在于能否保证应用安全、可靠地运行。应用层安全关注的行为包括分布式任务提交、进度和状态监管、运行任务的调整、任务的恢复运行、日志记录和资源权限检查。

Hadoop 和 HBase 都提供了相应的机制,以确保应用任务的安全运行。Hadoop 系统通过 JobTracker 来进行 MapReduce 任务的分配、调度和调整,HBase 系统的 HMaster 主节点和 HRegionServer 为了解决数据库中“脏读”和“脏写”的问题会采用 ZooKeeper 的锁服务。

数据层安全重点放在数据是否会丢失、传送过程是否安全、敏感数据是否有加密、数据的完整性是否被破坏 4 个方面。

对于 HDFS 而言,每一个文件的数据库都采用了多副本机制,并将这些副本都保存在不同的节点上。当某个节点的副本失效时,HDFS 还会在一个新的节点上复制一个副本,以确保副本数量与设定要求使用一致。在文件的完整性上,HDFS 对每一个块都采用 CRC32 的校验方式来确保数据的完整性。同样,对于分布式数据库 HBase,它提供了类似的分布式数据库安全机制来确保数据不丢失。

为了保障在网络上的传输安全,利用数据加密技术可在一定程度上确保数据在网络传输过程中不会被截取或窃听。SSL(Secure Socket Layer)是为网络通信提供安全及数据完整性保障的一种安全协议,它已被广泛地应用于 Web 浏览器与服务器之间的身份认证和加密传输方面。HDFS 提供有相应的 HTTPS 方式的文件读/写接口,确保数据传输过程的安全。

6.3 主流大数据系统厂商

如今,越来越多的企业和大型机构在寻求不断发展的大数据问题时,都倾向于使用开源软件基础架构 Hadoop 的服务。因此许多公司推出了各自版本的 Hadoop,也有一些公司围绕 Hadoop 开发产品。本章将以举例主流厂商解决方案的方式呈现不同厂商的处理异同。

6.3.1 Cloudera

Cloudera 是一家专业从事基于 Apache Hadoop 的数据管理软件销售和服务的公司,它发布的实时查询开源项目 Impala 比基于 MapReduce 的 Hive SQL 的查询速度提升了 3～90 倍。Impala 是 Google Dremel 的模仿,但在 SQL 功能上更胜一筹,而且使用简单、灵活。

Cloudera Impala 对存储在 Apache Hadoop HDFS、HBase 的数据提供直接查询互动的 SQL,既可以像 Hive 使用相同的统一存储平台,Impala 也使用相同的元数据、SQL 语法(Hive SQL)、ODBC 驱动程序和用户界面(Hue Beeswax)。Impala 还提供了一个面向批量或实时查询的统一平台。

Flume 是 Cloudera 提供的一个高可用性、高可靠性、分布式的海量日志采集、聚合和传输的系统,它支持在日志系统中定制各类数据发送方,用于收集数据;同时,Flume 提供对数据进行简单处理并写到各种数据接收方(可定制)的能力。

Flume 提供了从 console(控制台)、RPC(Thrift-RPC)、text(文件)、tail(UNIX tail)、syslog(syslog 日志系统,支持 TCP 和 UDP 两种模式)、exec(命令执行)等数据源上收集数据的能力。

Flume 采用了多 Master 的方式。为了保证配置数据的一致性,其引入了 ZooKeeper,用于保存配置数据,ZooKeeper 本身可保证配置数据的一致性和高可用。另外,在配置数据发生变化时,ZooKeeper 可以通知 Flume 的 Master 节点。Flume Master 间使用 Gossip 协议对数据进行同步。

6.3.2 Hortonworks

Hortonworks 的开放式互联平台能帮助企业管理所拥有的数据(动态数据以及静态数据),为用户组织启用可操作情报。

HDP(Hortonworks Data Platform)是一款基于 Apache Hadoop 的开源数据平台,提供大数据云存储、大数据处理和分析等服务。该平台专门用来应对多来源和多格式的数据,并使其处理起来能变得更加简单,更有成本效益。

HDP 还提供了一个开放、稳定和高度可扩展的平台,使其更容易地集成 Apache Hadoop 的数据流业务与现有的数据架构。该平台包括各种 Apache Hadoop 项目以及 Hadoop 分布式文件系统(HDFS)、MapReduce、Pig、Hive、HBase、ZooKeeper 和其他各种组件,使 Hadoop 的平台更易于管理,更加具有开放性以及可扩展性。

6.3.3　Amazon

Amazon 公司的 AWS 本身就是最完整的大数据平台,Amazon Web Services 提供了一系列广泛的服务,可以快速、轻松地构建和部署大数据分析应用程序。借助 AWS 可以迅速扩展几乎任何大数据应用程序,其中包括数据仓库、点击流分析、欺诈侦测、推荐引擎、事件驱动 ETL、无服务器计算和物联网处理等应用程序。

Amazon EMR 是一种 Web 服务,旨在实现轻松快速并经济高效地处理大量的数据。

Amazon EMR 提供托管的 Hadoop 框架,可以在多个支持动态扩展的 Amazon EC2 实例之间分发和处理大量数据。这里的 Hadoop 也可以替换为其他常用的分发框架,例如 Spark 或 Presto。同时框架中的文件系统可以使用 AWS 数据服务代替,例如 Amazon S3 和 Amazon DynamoDB,用于进行数据交换。Amazon EMR 能够安全、可靠地处理大数据使用案例,包括日志分析、Web 索引、数据仓库、机器学习、财务分析等,还原生支持了全文索引 ElasticSearch。

6.3.4　Google

Google 公司作为大数据研究的引领者,为大数据的研究和应用提供了大量的论文和实现。其中,Google 文件系统(Google File System,GFS)作为 Google 大数据存储与处理的基石,其开源实现 HDFS 也是 Hadoop 的关键组件。GFS 采用大量的低可靠性 PC 构成集群系统的思想也为后来的大数据系统所继承。GFS 采用"主控"服务器、Chunk 服务器与客户端的架构,实现了分布式存储对应用开发者的透明化,使其类似于本地的文件系统,这一机制也广泛被各种分布式文件系统所采用。

不止如此,Google 提出的 MapReduce 计算框架在很多大数据领域得到了非常广泛的应用;Google 研发的针对分布式系统协调管理的粗粒度锁服务 Chubby 实现了一个实例对上万台机器的协同管理;Google 针对微服务架构提出的 GRC 远程调用框架实现了分布式系统对不同语言和框架的兼容,让新的编程模型——微服务架构的实际应用成为现实。

可以说,Google 在大数据领域拥有最多的成熟解决方案,也对大数据技术的发展起到了非常重要的推动作用。

6.3.5　微软

微软公司推出的商业数据分析系统 Microsoft Analytics Platform System 能够通过其扩充的大规模平行处理整合式系统支持混合格式的数据仓库,借此适应数据仓库环境不断发展的需求。它能够运用 Microsoft PolyBase 和从 SQL Server 以来积累的海量数据处理技术,在关系式和非关系式数据库中进行查询。

此外,微软还提供了基于 Hadoop 的分布式解决方案 Microsoft Azure,其中最值得注意的是"云端 Hadoop"——HDInsight,它提供了一系列全面的 Apache 大数据项目的托管服务。Azure HDInsight 使用 Hortonworks Data Platform(HDP)分布式 Hadoop。HDInsight 在云上部署 Hadoop 集群,并提供管理服务和一个处理、分析以及报告大数据的高稳定性和可用性框架。HDInsight 同时还支持 Apache 的 Storm 平台，以提供即时监控和串流数据分析。

6.3.6 阿里云数加平台

数加是阿里云为企业大数据实施提供的一套完整的一站式大数据解决方案，覆盖了企业数仓、商业智能、机器学习、数据可视化等领域，助力企业在 DT 时代更敏捷、更智能、更具洞察力。

数加平台由大数据计算服务（MaxCompute）、分析型数据库（Analytic DB）、流计算（StreamCompute）共同组成了底层强大的计算引擎，速度更快、成本更低。计算引擎之上，"数加"提供了丰富的云端数据开发套件，包括数据集成、数据开发、调度系统、数据管理、运维视屏、数据质量、任务监控等在内。

数加平台整体架构如图 6-2 所示。

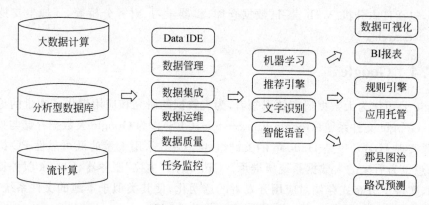

图 6-2 阿里云数加平台

数加平台具有如下优势。

1. 一站式大数据解决方案

从数据导入、查找、开发、ETL、调度、部署、建模、BI 报表、机器学习，到服务开发、发布，以及外部数据交换的完整大数据链路，一站式集成开发环境，降低数据创新与创业成本，如图 6-3 所示。

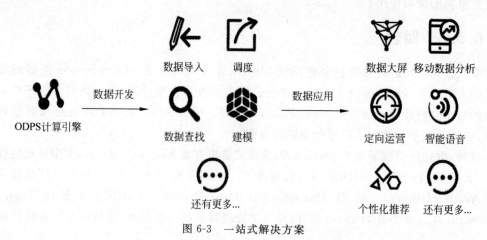

图 6-3 一站式解决方案

2. 大数据与云计算的无缝结合

阿里云数加平台构建在阿里云云计算基础设施之上，简单快速接入 MaxCompute 等计算引擎，支持 ECS、RDS、OCS、AnalyticDB 等云设施下的数据同步。为企业获得在大数据时代最重要的竞争力——智能化。

3. 企业级数据安全控制

数加平台建立在安全性在业界领先的阿里云上，并集成了最新的阿里云大数据产品，这些大数据产品的性能和安全性在阿里巴巴集团内部已经得到多年的锤炼。数加平台采用了先进的"可用不可见"的数据合作方式，并对数据所有者提供全方位的数据安全服务，数据安全体系包括：数据业务安全、数据产品安全、底层数据安全、云平台安全、接入 & 网络安全、运维管理安全。

习题

1. 简要介绍大数据访问框架的主流实现技术。
2. 介绍大数据习题运行框架设计的组成部分。
3. 简述大数据系统物理架构设计中，映射过程需考虑的问题。
4. 简述大数据安全架构设计针对的三层的内容。

第 **7** 章

分布式通信与协同

在大规模分布式系统中，为了高效地处理大量任务以及存储大量数据，通常需要涉及多个处理节点，需要在多个节点之间通信以及协同处理。高效的节点之间的通信以及节点之间的可靠协同技术是保证分布式系统正常运行的关键。

7.1 数据编码传输

7.1.1 数据编码概述

在分布式系统中需要处理大量的网络数据，为了加快网络数据的传输速度，通常需要对传输数据进行编码压缩，当然数据编码压缩传输技术也在其他电子信息领域中大量使用，由于数字化的多媒体信息尤其是数字视频、音频信号的数据量特别庞大，如果不对其进行有效的压缩难以得到实际的应用，因此数据编码压缩技术已成为当今数字通信、广播、存储和多媒体娱乐中的一项关键的共性技术。

数据压缩是以尽可能少的数码来表示信源所发出的信号，减少容纳给定的消息集合或数据采样集合的信号空间。这里讲的信号空间就是被压缩的对象，是指某信号集合所占的时域、空域和频域。信号空间的这几种形式是相互关联的，存储空间的减少意味着信号传输效率的提高，所占用带宽的节省。只要采取某种方法来减少某个信号空间就能够压缩数据。

一般来说，数据压缩主要是通过数据压缩编码来实现的。要想使编码有效，必须建立相应的系统模型。在给定的模型下通过数据编码来消除冗余，大致有以下三种情况。

（1）信源符号之间存在相关性。如果消除了这些相关性，就意味着数据压缩。例如，位图图像像素与像素之间的相关性，动态视频帧与帧之间的相关性。去掉这些相关性通常采用预测编码、变换编码等方法。

（2）信源符号之间存在分布不等概性。根据不同符号出现的不同概率分别进行编码，概率大的符号用较短的码长编码，概率小的符号用较长的码长编码，最终使信源的平均码长达到最短。通常采用统计编码的方法。

（3）利用信息内容本身的特点（如自相似性）。用模型的方法对需传输的信息进行参数估测，充分利用人类的视觉、听觉等特性，同时考虑信息内容的特性，确定并遴选出其中的部分内容（而不是全部内容）进行编码，从而实现数据压缩。通常采用模型基编码的方法。

目前比较认同的、常用的数据压缩的编码方法大致分为两大类。

（1）冗余压缩法或无损压缩法。冗余压缩法或无损压缩法又称为无失真压缩法或熵编码法。这类压缩方法只是去掉数据中的冗余部分，并没有损失熵，而这些冗余数据是可以重新插到原数据中的。也就是说，去掉冗余不会减少信息量，而且仍可原样恢复数据。因此，这类压缩方法是可逆的。

（2）熵压缩法或有损压缩法。这类压缩法由于压缩了熵，也就损失了信息量，而损失的信息是不能恢复的。因此，在用门限值采样量化时，如果只存储门限内的数据，那么原来超过这个预置门限的数据将丢失。这种压缩方法虽然可压缩大量的信号空间，但那些丢失的实际样值不可能恢复，是不可逆的。也就是说，在用熵压缩法时数据压缩要以一定的信息损失为代价，而数据的恢复只能是近似的，应根据条件和要求在允许的范围内进行压缩。

7.1.2　LZSS算法

LZSS算法属于字典算法，是把文本中出现频率较高的字符组合做成一个对应的字典列表，并用特殊代码来表示这个字符。图7-1为字典算法原理图示。

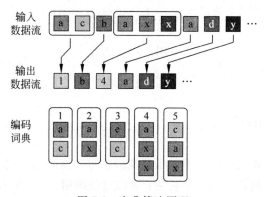

图7-1　字典算法原理

LZSS算法的字典模型使用自适应方式，基本的思路是搜索目前待压缩串是否在以前出现过，如果出现过，则利用前次出现的位置和长度来代替现在的待压缩串，输出该字符串的出现位置及长度；否则，输出新的字符串，从而起到压缩的目的。但是在实际使用过程中，由于被压缩的文件往往较大，一般使用"滑动窗口压缩"方式，也就是说将一个虚拟的、可以跟随压缩进程滑动的窗口作为术语字典。LZSS算法最大的好处是压缩算法的细节处理不同，只对压缩率和压缩时间有影响，不会影响到解压程序。LZSS算法最大的问题是速度，每次都需要向前搜索到原文开头，对于较长的原文需要的时间是不可忍受的，这也是LZSS算法较大的一个缺点。

7.1.3 Snappy 压缩库

Snappy 是在 Google 公司内部生产环境中被许多项目使用的压缩/解压缩的链接库,使用该库的软件包括 BigTable、MapReduce 和 RPC 等,Google 公司于 2011 年开源了该压缩/解压缩库。在 Intel 酷睿 i7 处理器上,在单核 64 位模式下,Snappy 的压缩速度大概可以达到 250MB/s 或者更快,解压缩可以达到大约 500MB/s 甚至更快。如此高的压缩速度是通过降低压缩率来实现的,因此其输出要比其他库大 20%~100%。Snappy 对于纯文本的压缩率为 1.5~1.7,对于 HTML 是 2~4,当然,对于 JPEG、PNG 和其他已经压缩过的数据的压缩率为 1.0。

Snappy 压缩库采用 C++ 实现,同时提供了多种其他语言的接口,包括 C、C♯、Go、Haskell 等。Snappy 是面向字节编码的 LZ77 类型压缩器。Snappy 采用的编码单元是字节(Byte),而不是比特(bit),采用该压缩库压缩后的数据形成一个字节流的格式,格式如下:前面几个字节表示总体为压缩的数据流长度,采用小端方式(little-endian)存储,同时兼顾可变长度编码,每个字节的后面 7 位存储具体的数据,最高位用于表示下一个字节是否为同一个整数;剩下的字节用 4 种元素类型中的一种进行编码,元素类型在元素数据中的第一个字节,该字节的最后两位表示类型。

(1) 00。文本数据,属于未压缩数据,类型字节的高 6 位用于存储每个元素的数据内容长度。当数据内容超过 60 个字节时,采用额外的可变长编码方式存储数据。

(2) 01。数据长度用 3 位存储,偏移量用 11 位存储。紧接着类型字节后的第一个字节也用于存储偏移量。

(3) 10。类型字节中剩下的高 6 位用于存储数据长度,在类型字节后的两个字节用于存储数据的偏移量。

(4) 11。类型字节中剩下的高 6 位用于存储数据长度,数据偏移量存储在类型字节后的 4 个字节,偏移量采用小端方式存储数据。

7.2 分布式通信系统

分布式通信研究分布式系统中不同子系统或进程之间的信息交换机制。我们从各种大数据系统中归纳出三种最常见的通信机制:远程过程调用、消息队列和多播通信。其中,远程过程调用的重点是网络中位于不同机器上进程之间的交互;消息队列的重点是子系统之间的消息可靠传递;多播通信是实现信息的高效多播传递。这三者都是黏合子系统的有效工具,同时,它们对于减少大数据系统中构件之间的耦合、增强各自的独立演进有很大的帮助作用。

7.2.1 远程过程调用

远程过程调用(Remote Procedure Call,RPC)是一个计算机通信协议,通过该协议运行于一台计算机上的程序可以调用另一台计算机的子程序,而程序员无须额外地为这个交互编程。

通用的 RPC 框架都支持以下特性：接口描述语言、高性能、数据版本支持以及二进制数据格式。

Thrift 是由 Facebook 公司开发的远程服务调用框架，它采用接口描述语言定义并创建服务，支持可扩展的跨语言服务开发，所包含的代码生成引擎可以在多种语言中，如 C++、Java、Python、PHP、Ruby、Erlang、Perl、Haskell、C♯、Cocoa、Smalltalk 等，创建高效的、无缝的服务。其传输数据采用二进制格式，相对于 XML 和 JSON 体积更小，对于高并发、大数据量和多语言的环境更有优势。

Thrift 包含一个完整的堆栈结构，用于构建客户端和服务器端。服务器包含用于绑定协议和传输层的基础架构，它提供阻塞、非阻塞、单线程和多线程的模式运行在服务器上，可以配合服务器/容器一起运行，可以和现有的服务器/容器无缝结合。

其使用流程大致如下。

首先使用 IDL 定义消息体以及 RPC 函数调用接口。使用 IDL 可以在调用方和被调用方解耦，比如调用方可以使用 C++，被调用方可以使用 Java，这样给整个系统带来了极大的灵活性。

然后使用工具根据 IDL 定义文件生成指定编程语言的代码。

最后即可在应用程序中连接使用上一步生成的代码。对于 RPC 来说，调用方和被调用方同时引入后即可实现透明的网络访问。

7.2.2 消息队列

消息队列也是设计大规模分布式系统时经常采用的中间件产品。分布式系统构件之间通过传递消息可以解除相互之间的功能耦合，这样就减轻了子系统之间的依赖，使得各个子系统或者构件可以独立演进、维护或重用。消息队列是在消息传递过程中保存消息的容器或中间件，其主要目的是提供消息路由并保障消息可靠传递。

下面通过 Linkedin 开源的分布式消息系统 Kafka 介绍消息队列系统的整体设计思路。

Kafka 采用 Pub-Sub 机制，具有极高的消息吞吐量、较强的可扩展性和高可用性，消息传递延迟低，能够对消息队列进行持久化保存，且支持消息传递的"至少送达一次"语义。

一个典型的 Kafka 集群中包含若干 producer、若干 broker、若干 consumer group，以及一个 ZooKeeper 集群。Kafka 通过 ZooKeeper 管理集群配置，选举 leader，以及在 consumer group 发生变化时进行 rebalance。producer 使用 push 模式将消息发布到 broker，consumer 使用 pull 模式从 broker 订阅并消费消息。

作为一个消息系统，Kafka 遵循了传统的方式，选择由 producer 向 broker push 消息并由 consumer 向 broker pull 消息。push 模式很难适应消费速率不同的 consumer，因为消息发送速率是由 broker 决定的。push 模式的目标是尽可能以最快的速度传递消息，但是这样很容易造成 consumer 来不及处理消息，典型的表现就是拒绝服务以及网络阻塞。pull 模式可以根据 consumer 的消费能力以适当的速率消费信息。

7.2.3 应用层多播通信

分布式系统中的一个重要的研究内容是如何将数据通知到网络中的多个接收方，一般被称为多播通信。与网络协议层的多播通信不同,这里介绍的是应用层多播通信。Gossip协议就是常见的应用层多播通信协议,与其他多播协议相比,其在信息传递的健壮性和传播效率方面有较好的折中效果,使其在大数据领域中得以广泛使用。

Gossip 协议也被称为"感染协议"(Epidemic Protocol),用来尽快地将本地更新数据通知到网络中的所有其他节点。其具体更新模型又可以分为三种:全通知模型、反熵模型和散布谣言模型。

在全通知模型中,当某个节点有更新消息时立即通知所有其他节点;其他节点在接收到通知后判断接收到的消息是否比本地消息要新,如果是,则更新本地数据,否则,不采取任何行为。反熵模型是最常用的"Gossip 协议",之所以称为"反熵",是因为"熵"是用来衡量系统混乱无序程度的指标,熵越大说明系统越无序。系统中更新的信息经过一定轮数的传播后,集群内的所有节点都会获得全局最新信息,所以系统变得越来越有序,这就是"反熵"的含义。

在反熵模型中,节点 P 随机选择集群中的另一个节点 Q,然后与 Q 交换更新信息;如果 Q 信息有更新,则类似 P 一样传播给任意其他节点(此时 P 也可以再传播给其他节点),这样经过一定轮数的信息交换,更新的信息就会快速传播到整个网络节点。

散布谣言模型与反熵模型相比增加了传播停止判断。即如果节点 P 更新了数据,则随机选择节点 Q 交换信息;如果节点 Q 已经从其他节点处得知了该更新,那么节点 P 降低其主动通知其他节点的概率,直到一定程度后,节点 P 停止通知行为。散布谣言模型能够快速传播变化,但不能保证所有节点都能最终获得更新。

7.2.4　Hadoop IPC 应用

这里以 Hadoop 中的 RPC 框架 Hadoop IPC 为基础讲述 RPC 框架在大数据系统中的应用。Hadoop 系统包括 Hadoop Common、Hadoop Distributed File System、Hadoop MapReduce 几个重要的组成部分,其中,Hadoop Common 用于提供整个 Hadoop 公共服务,包括 Hadoop IPC。在 Hadoop 系统中,Hadoop IPC 为 HDFS、MapReduce 提供了高效的 RPC 通信机制,在 HDFS 中,DFSClient 模块需要与 NameNode 模块通信、DFSClient 模块需要与 DataNode 模块通信、MapReduce 客户端需要与 JobTracker 通信,Hadoop IPC 为这些模块之间的通信提供了一种便利的方式。

目前实现的 Hadoop IPC 具有采用 TCP 方式连接、支持超时、缓存等特征。Hadoop IPC 采用的是经典的 C/S 结构。

Hadoop IPC 的 Server 端相对比较复杂,包括 Listener、Reader、Handler 和 Responder 等多种类型的线程,Listener 用于侦听来自 IPC Client 端的连接,同时也负责管理与 Client 端之间的连接,包括 Client 端超时需要删除连接;Reader 线程用于读取来自 Client 端的数据,Handler 线程用于处理来自 Client 端的请求,执行具体的操作;Responder 线程用于返回处理结果给 Client 端。一般配置是一个 Listener、多个 Reader、多个 Handler 和一个 Responder。Hadoop IPC 的组成如图 7-2 所示。

执行 HDFS 读文件操作,首先 DFSClient 利用 Hadoop IPC 框架发起一次 RPC 请求给 NameNode,获取 DataBlock 信息。

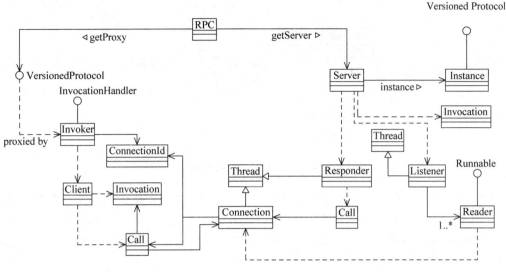

图 7-2 Hadoop IPC 组成

在执行 HDFS 数据恢复操作的时候，DFSClient 需要执行 recoverBlock RPC 操作，发送该请求到 DataNode 节点上。

7.3 分布式协同系统

当前的大规模分布式系统涉及大量的机器，这些机器之间需要进行大量的网络通信以及各个节点之间的消息通信协同。为了减少分布式系统中这些工作的重复开发，解耦出分布式协同系统，有效地提高了分布式计算、分布式存储等系统的开发速度。

7.3.1 Chubby 锁服务

Chubby 是 Google 公司研发的针对分布式系统协调管理的粗粒度服务，一个 Chubby 实例大约可以负责一万台 4 核 CPU 机器之间对资源的协同管理。这种服务的主要功能是让众多客户端程序进行相互之间的同步，并对系统环境或资源达成一致的认知。

Chubby 的理论基础是 Paxos(一致性协议)，Paxos 是在完全分布式环境下不同客户端能够通过交互通信并投票对于某个决定达成一致的算法。Chubby 以此为基础，但是也进行了改造，Paxos 是完全分布的，没有中心管理节点，需要通过多轮通信和投票来达成最终的一致，所以效率低；Chubby 出于对系统效率的考虑，增加了一些中心管理策略，在达到同一目标的情况下改善了系统效率。

Chubby 的设计目标基于以下几点：高可用性、高可靠性、支持粗粒度的建议性锁服务、支持小规模文件直接存储。这些当然是用高性能与存储能力折中而来的。

图 7-3 是 Google 论文中描述的 Chubby 的整体架构，可以容易地看出 Chubby 共有 5 台服务器，其中一个是主服务器，客户端与服务器之间使用 RPC 交互。那么，其他服务器是干什么的？它们纯粹是作为主服务器不可用后的替代品。而 ZooKeeper 的多余服务器均是提供就近服务的，也就是服务器会根据地理位置与网络情况来选择对哪些客户端给予服务。

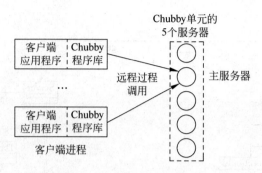

图 7-3　Chubby 整体架构

　　Chubby 单元中的主服务器由所有服务器选举推出,但是并非从始至终一直都由其担任这一角色,它是有"任期"的,即 Master Lease,一般长达几秒。如果无故障发生,一般系统尽量将"租约"交给原先的主服务器,否则可以通过重新选举得到一个新的全局管理服务器,这样就实现了主服务器的自动切换。

　　客户端通过嵌入的库程序,利用 RPC 通信和服务器进行交互,对 Chubby 的读/写请求都由主服务器负责。主服务器遇到数据更新请求后会更改在内存中维护的管理数据,通过改造的 Paxos 协议通知其他备份服务器对相应的数据进行更新操作,并保证在多副本环境下的数据一致性;当多数备份服务器确认更新完成后,主服务器可以认为本次更新操作正确完成。其他所有备份服务器只是同步管理数据到本地,保持数据和主服务器完全一致。通信协议如图 7-4 所示。

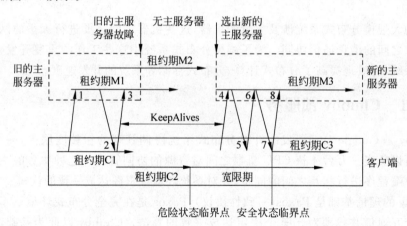

图 7-4　Client 与 Chubby 的通信

　　KeepAlive 是周期性发送的一种消息,它有两方面的功能:延长租约有效期,携带事件信息告诉客户端更新。事件包括文件内容的修改、子节点的增删改、Master 出错等。在正常情况下,租约会由 KeepAlive 一直不断延长。如果 C1 在未用完租约期时发现还需使用,便发送锁请求给 Master,Master 给它 Lease-M1;C2 在过了租约期后,发送锁请求给 Master,可是未收到 Master 的回答。其实此刻 Master 已经宕机了,于是 Chubby 进入宽限期,在这期间 Chubby 要选举出新的 Master。Google 论文里对于这段时期有一个更形象的名字——Grace Period。在选举出 Master 后,新的主服务器下令前主服务器发的 Lease 失效,必须申请一份新的。然后 C2 获得了 Lease-M2。C3 又恢复到正常情况。在图 7-4 中 4、

5、6、7、8 是通过 Paxos 算法选举 Master 的颤抖期。在此期间最有可能产生问题，Amazon 的分布式服务就曾因此宕机，导致很长时间服务不可用。

7.3.2 ZooKeeper

ZooKeeper 是 Yahoo! 公司开发的一套开源高吞吐分布式协同系统，目前已经在各种 NoSQL 数据库及诸多开源软件中获得广泛使用。分布式应用中的各节点可以通过 ZooKeeper 这个第三方来确保双方的同步，比如一个节点是发送，另一个节点是接收，但发送节点需要确认接收节点成功收到这个消息，因而就可以通过与一个可靠的第三方交互来获取接收节点的消息接收状态。

ZooKeeper 也是由多台同构服务器构成的一个集群，共用信息存储在集群系统中。共用信息采用树状结构来存储，用户可以将其看作一个文件系统，只是这些文件是一直存放在内存中的，文件存储容量受到内存的限制。

既然 ZooKeeper 可以被看作一个文件系统，那么它就具有文件系统相应的功能，只是在 ZooKeeper 和文件系统中功能的叫法不同。ZooKeeper 提供创建节点、删除节点、创建子节点、获取节点内容等功能。

ZooKeeper 服务由若干台服务器构成，每台服务器内存中维护相同的树状数据结构。其中的一台通过 ZAB 原子广播协议选举作为主服务器，其他的作为从服务器。客户端可以通过 TCP 连接任意一台服务器，如果是读操作请求，任意一个服务器都可以直接响应请求；如果是写数据操作请求，则只能由主服务器来协调更新操作。Chubby 在这一点上与 ZooKeeper 不同，所有的读/写操作都由主服务器完成，从服务器只是用于提高整个协调系统的可用性。

在带来高吞吐量的同时，ZooKeeper 的这种做法也带来了潜在的问题：客户端可能读到过期的数据。因为即使主服务器已经更新了某个内存数据，但是 ZAB 协议还未能将其广播到从服务器。为了解决这一问题，在 ZooKeeper 的接口 API 函数中提供了 Sync 操作，应用可以根据需要在读数据前调用该操作，其含义是接收到 Sync 命令的从服务器从主服务器同步状态信息，保证两者完全一致。

7.3.3 ZooKeeper 在 HDFS 高可用中使用

HDFS 由三个模块构成，分别包括 Client、NameNode 和 DataNode。NameNode 负责管理所有的 DataNode 节点，保存 block 和 DataNode 之间的对应信息，Client 读取文件和写入文件都需要 NameNode 节点的参与，因此 NameNode 发挥着至关重要的作用。在当前设计中，NameNode 是单节点方式，存在单点故障问题，即 NameNode 节点宕机之后 HDFS 无法再对外提供数据存储服务，需要设计一种 HDFS NameNode 节点的高可用方法。总体来讲，维护 HDFS 高可用基于以下两个目的。

（1）在出现 NameNode 节点故障时 HDFS 仍然可以对外提供数据的读取和写入服务。

（2）HDFS 会出现版本的更新迭代，以保证 HDFS 在更新过程中仍然可以对外提供服务。

HDFS 为了实现上述目的，采用的方式是再提供一个额外的 NameNode 节点，以此达到 HDFS 的高可用目的。在使用过程中部署两个 NameNode 节点，一个 NameNode 节点为 Active 节点，另一个 NameNode 节点是 Standby 节点。在正常情况下，Active 的 NameNode 节点服务正常的请求，一旦出现 Active NameNode 节点故障，则 Standby NameNode 节点切换变成 Active 节点，然后这个新的 Active NameNode 继续提供 NameNode 的功能，使 HDFS 可以继续正常工作。但是为了保证上述过程正常运行，需要解决以下问题。

（1）Standby 如何知道 Active 节点出现故障无法正常服务，需要探测系统何时出现故障。

（2）当出现 Active NameNode 节点故障时，多个 Standby NameNode 节点如何选择一个新的 Active NameNode 节点。

一种解决上述问题的 HDFS 高可用方法是采用 ZK Failover Controller 的方法，具体结构如图 7-5 所示。

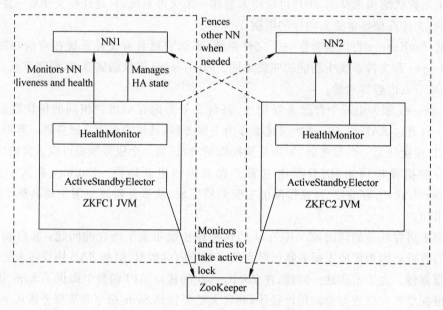

图 7-5　基于 ZooKeeper 的 HDFS 高可用方法

采用 ZK(ZooKeeper)设计 HDFS 高可用方案基于以下几点。

（1）ZooKeeper 提供了小规模的任意数据信息的强一致性。

（2）可以在 ZooKeeper 集群中创建一个临时 znode 节点，当创建该 znode 节点的 Client 失效时，该临时 znode 节点会自动删除。

（3）能够监控 ZooKeeper 集群中的一个 znode 节点的状态发生改变，并被异步通知。

上述设计的基于 ZK 的 HDFS 高可用方法由 ZKFC、HealthMonitor、ActiveStandbyElector 几个主要部分组成。

（1）HealthMonitor 是一个线程，用于监控本地 NameNode 的状态信息，维护一个状态信息的视图，监控采用 RPC 方式。当状态信息发生改变时，通过 callback 接口方式发送消息给 ZKFC。

（2）ActiveStandbyElector 主要用于和 ZooKeeper 进行协调，ZKFC 与它通信主要由两个函数调用，分别是 joinElection 和 quitElection。

（3）ZKFailoverController 订阅来自 ActiveStandbyElector 和 HealthMonitor 的消息，同时管理 NameNode 的状态。

整体运行过程如下：启动的时候初始化 HealthMonitor 去监控本地 NameNode 节点，同时用 ZooKeeper 信息来初始化 ActiveStandbyElector，不立即把该 NameNode 节点加入选举。同时，随着 ActiveStandbyElector 和 HealthMonitor 状态的改变，ZKFC 做出对应的响应。

习题

1. 简述数据编码传输的好处。
2. 简要介绍 Snappy 压缩库，包括功能和数据格式。
3. 简要介绍 Chubby 的工作原理。
4. 简述 ZooKeeper 在 HDFS 高可用方案中发挥作用的理由。

第8章

大数据存储

随着结构化数据量和非结构化数据量的不断增长，以及分析数据来源的多样化，之前的存储系统设计已无法满足大数据应用的需求。对于大数据的存储，存在以下几个不容忽视的问题。

1. 容量

大数据时代存在的第一个问题就是"大容量"。"大容量"通常是指可达 PB 级的数据规模，因此海量数据存储系统的扩展能力也要得到相应等级的提升，同时其扩展还必须渐变，为此，通过增加磁盘柜或模块来增加存储容量，这样可以不需要停机。

2. 延迟

大数据应用不可避免地存在实时性的问题，大数据应用环境通常需要较高的 IOPS 性能。为了迎接这些挑战，小到简单的在服务器内用作高速缓存的产品，大到全固态介质可扩展存储系统，各种模式的固态存储设备应运而生。

3. 安全

大数据的分析往往需要对多种数据混合访问，这就催生出了一些新的、需要重新考虑的安全性问题。

4. 成本

成本控制是企业的关键问题之一，只有让每一台设备都实现更高的"效率"，才能控制住成本。目前进入存储市场的重复数据删除、多数据类型处理等技术都可为大数据存储带来更大的价值，提升存储效率。

5. 灵活性

通常，大数据存储系统的基础设施规模都很大，为了保证存储系统的灵活性，使其能够随时扩容及扩展，必须经过详细的设计。

　　由于传统关系型数据库的局限性,传统的数据库已经不能很好地解决这些问题。在这种情况下,一些主要针对非结构化数据的管理系统开始出现。这些系统为了保障系统的可用性和并发性,通常采用多副本的方式进行数据存储。为了在保证低延时的用户响应时间的同时维持副本之间的一致状态,采用较弱的一致性模型,而且这些系统也普遍提供了良好的负载平衡策略和容错机制。

8.1　大数据存储技术发展

　　在 20 世纪 50 年代中期以前,计算机主要用于科学计算,这个时候存储的数据规模不大,数据管理采用的是人工管理的方式;在 20 世纪 50 年代后期至 20 世纪 60 年代后期,为了更加方便管理和操作数据,出现了文件系统;从 20 世纪 60 年代后期开始,出现了大量的结构化数据,数据库技术蓬勃发展,开始出现了各种数据库,其中以关系型数据库备受人们喜爱。

　　在科学研究过程中,为了存储大量的科学计算,有 Beowulf 集群的并行文件系统 PVFS 做数据存储,在超级计算机上有 Lustre 并行文件系统存储大量数据,IBM 公司在分布式文件系统领域研制了 GPFS 分布式文件系统,这些都是针对高端计算采用的分布式存储系统。

　　进入 21 世纪以后,互联网技术不断发展,其中以互联网为代表企业产生大量的数据。为了解决这些存储问题,互联网公司针对自己的业务需求和基于成本考虑开始设计自己的存储系统,典型代表是 Google 公司于 2003 年发表的论文 *Google File System*,其建立在廉价的机器上,提供了高可靠、容错的功能。为了适应 Google 的业务发展,Google 推出了 BigTable 这样一种 NoSQL 非关系型数据库系统,用于存储海量网页数据,数据存储格式为行、列簇、列、值的方式;与此同时,亚马逊公司公布了他们开发的另外一种 NoSQL 系统——DynamoDB。后续大量的 NoSQL 系统不断涌现,为了满足互联网中的大规模网络数据的存储需求,其中,Facebook 结合 BigTable 和 DynamoDB 的优点,推出了 Cassandra 非关系型数据库系统。

　　开源社区对于大数据存储技术的发展更是贡献重大,其中包括底层的操作系统层面的存储技术,比如文件系统 BTRFS 和 XFS 等。为了适应当前大数据技术的发展,支持高并发、多核以及动态扩展等,Linux 开源社区针对技术发展需求开发下一代操作系统的文件系统 BTRFS,该文件系统在不断完善;同时也包括分布式系统存储技术,功不可没的是 Apache 开源社区,其贡献和发展了 HDFS、HBase 等大数据存储系统。

　　总体来讲,结合公司的业务需求以及开源社区的蓬勃发展,当前大数据存储系统不断涌现。

8.2　海量数据存储的关键技术

　　大数据处理面临的首要问题是如何有效地存储规模巨大的数据。无论是从容量还是从数据传输速度,依靠集中式的物理服务器来保存数据是不现实的,即使存在这么一台设备可以存储所有的信息,用户在一台服务器上进行数据的索引查询也会使处理器变得不堪重负,因此分布式成为这种情况的很好的解决方案。要实现大数据的存储,需要使用几十台、几百台甚至更多的分布式服务器节点。为保证高可用、高可靠和经济性，海量数据多采用分布式存储的方式来存储数据，采用冗余存储的方式来保证存储数据的可靠性，即为同一份数据存储多个副本。

数据分片与数据复制的关系如图 8-1 所示。

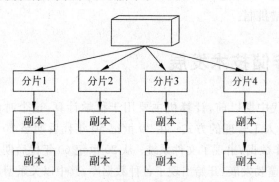

图 8-1　数据分片与数据复制

8.2.1　数据分片与路由

传统数据库采用纵向扩展方式，通过改善单机硬件资源配置来解决问题；主流大数据存储与计算系统采用横向扩展方式，支持系统可扩展性，即通过增加机器来获得水平扩展能力。

对于海量数据，将数据进行切分并分配到各个机器中的过程叫分片（shard/partition），即将不同数据存放在不同节点。数据分片后，找到某条记录的存储位置称为数据路由。数据分片与路由的抽象模型如图 8-2 所示。

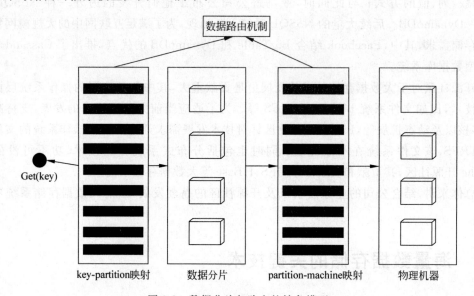

图 8-2　数据分片与路由的抽象模型

1. 数据分片

一般来说，数据库的繁忙体现在不同用户需要访问数据集中的不同部分。在这种情况下,把数据的各个部分存放在不同的服务器/节点中,每个服务器/节点负责自身数据的读取与写入操作,以此实现横向扩展,这种技术称为分片。

用户必须考虑以下两点。

(1) 如何存放数据。可以实现用户从一个逻辑节点(实际多个物理节点的方式)获取数据,并且不用担心数据的存放位置。面向聚合的数据库可以很容易地解决这个问题。聚合结构是指把经常需要同时访问的数据存放在一起,因此可以把聚合作为分布数据的单元。

(2) 如何保证负载平衡。即如何把聚合数据均匀地分布在各个节点中,让它们需要处理的负载量相等。负载分布情况可能会随着时间变化,因此需要一些领域特定的规则。比如有的需要按字典顺序,有的需要按逆域名序列等。

下面讲述一下分片类型。

1) 哈希分片

采用哈希函数建立 Key-Partition 映射,其只支持点查询,不支持范围查询,主要有 Round Robin、虚拟桶、一致性哈希三种算法。

(1) Round Robin。其俗称哈希取模算法,这是实际中最常用的数据分片方法。若有 k 台机器,分片算法如下:

$$H(key) = hash(key) \bmod k$$

对物理机进行编号($0 \sim k-1$),根据以上哈希函数,对于以 key 为主键的某个记录,$H(key)$ 的数值即是物理机在集群中的放置位置(编号)。

优点:实现简单。

缺点:缺乏灵活性,若有新机器加入,之前所有数据与机器之间的映射关系都被打乱,需要重新计算。

(2) 虚拟桶。在 Round Robin 的基础上,虚拟桶算法加入一个"虚拟桶层",形成两级映射。所有记录首先通过哈希函数映射到对应的虚拟桶(多对一映射)。虚拟桶和物理机之间再有一层映射(同样是多对一)。一般通过查找表来获知虚拟桶与物理机之间的映射关系。具体以 Membase 为例,如图 8-3 所示。

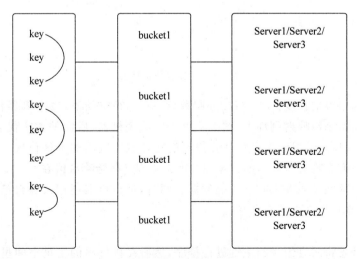

图 8-3 Membase 虚拟桶的运行

Membase 在待存储记录的物理机之间引入了虚拟桶层,所有记录首先通过哈希函数映射到对应的虚拟桶,记录和虚拟桶是多对一的关系,即一个虚拟桶包含多条记录信息;第二层映射是虚拟桶和物理机之间的映射关系,同样也是多对一映射,一个物理机可以容纳多个虚拟桶,具体是通过查找表来实现的,即 Membase 通过内存表管理这些映射关系。

对照抽象模型可以看出,Membase 的虚拟桶层对应数据分片层,一个虚拟桶就是一个数据分片。Key-Partition 映射采用映射函数。

与 Round Robin 相比,Membase 引入了虚拟桶层,这样将原先由记录直接到物理机的单层映射解耦成两级映射。当新加入机器时,将某些虚拟桶从原先分配的机器重新分配给各机器,只需要修改 partition-machine 映射表中受影响的个别条目就能实现扩展。

优点:增加了系统扩展的灵活性。

缺点:实现相对麻烦。

(3)一致性哈希。一致性哈希是分布式哈希表的一种实现算法,将哈希数值空间按照大小组成一个首尾相接的环状序列,对于每台机器,可以根据 IP 和端口号经过哈希函数映射到哈希数值空间内。通过有向环顺序查找或路由表来查找。对于一致性哈希可能造成的各个节点负载不均衡的情况,可以采用虚拟节点的方式来解决。一个物理机节点虚拟成若干虚拟节点,映射到环状结构的不同位置。图 8-4 为哈希空间长度为 5 的二进制数值($m=5$)的一致性哈希算法示意图。

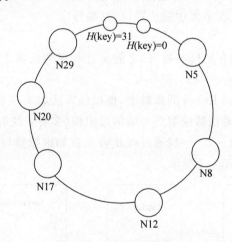

图 8-4　一致性哈希算法

在哈希空间可容纳长度为 32 的二进制数值($m=32$)空间里,每个机器根据 IP 地址或者端口号经过哈希函数映射到环内(图中 6 个大圆代表机器,后面的数字代表哈希值,即根据 IP 地址或者端口号经过哈希函数计算得出的在环状空间内的具体位置),而这台机器负责存储落在一段有序哈希空间内的数据,比如 N12 节点存储哈希值在 9~12 的数据,而 N5 负责存储哈希值落在 30~31 和 0~5 的数据。同时,每台机器还记录着自己的前驱和后继节点,成为一个真正意义上的有向环。

2)范围分片

范围分片首先将所有记录的主键进行排序,然后在排好序的主键空间里将记录划分成数据分片,每个数据分片存储有序的主键空间片段内的所有记录。

支持范围查询即给定记录主键的范围而一次读取多条记录,范围分片既支持点查询,也支持范围查询。

分片可以极大地提高读取性能,但对于频繁写的应用帮助不大。同时,分片也可减少故障范围,只有访问故障节点的用户才会受影响,访问其他节点的用户不会受到故障节点的影响。

2. 路由

那么如何根据收到的请求找到储存的值呢？下面介绍三种方法。

1) 直接查找法

如果哈希值落在自身管辖的范围内,则在此节点上查询,否则继续往后找,一直找到节点 Nx,x 是大于等于待查节点值的最小编号,这样一圈下来肯定能找到结果。

以图 8-4 为例,如有一个请求向 N5 查询的主键为 $H(\text{key})=6$,因为此哈希值落在 N5 和 N8 之间,所以该请求的值存储在 N8 的节点上,即如果哈希值落在自身管辖的范围内,则在此节点上查询,否则继续往后找,一直找到节点 Nx,x 是大于等于待查节点值的最小编号。

2) 路由表法

直接查找法缺乏效率,为了加快查找速度,可以在每个机器节点配置路由表,路由表存储每个节点到每个除自身节点的距离,具体示例见表 8-1。

表 8-1　机器节点路由表

距离	1	2	4	8	16
机器节点	N17	N17	N17	N20	N29

在表 8-1 中,第 3 项代表与 N12 的节点距离为 4 的哈希值(12+4=16)落在 N17 节点身上,同理,第 5 项代表与 N12 的距离为 16 的哈希值落在 N29 身上,这样找起来非常快速。

3) 一致性哈希路由算法

同样如图 8-4 所示,如请求节点 N5 查询,N5 的路由表如表 8-2 所示。

表 8-2　N5 节点路由表

距离	1	2	4	8	16
机器节点	N8	N8	N12	N17	N29

假如请求的主键哈希值为 $H(\text{key})=24$,首先查询是否在 N5 的后继节点上,发现后继节点 N8 小于主键哈希值,则根据 N5 的路由表查询,发现大于 24 的最小节点为 N29(只有29,因为 5+16=21<24),因此哈希值落在 N29 上。

8.2.2　数据复制与一致性

将同一份数据放置到多个节点(主从 master-slave 方式、对等式 peer-to-peer)的过程称为复制,数据复制可以保证数据的高可用性。

1. 主从复制

master-slave 模式,其中有一个 master 节点,存放重要数据,通常负责数据的更新,其余节点都叫 slave 节点,复制操作就是让 slave 节点的数据与 master 节点的数据同步。

优点:

(1) 在频繁读取的情况下有助于提升数据的访问速度(读取 slave 节点分担压力),还可以增加多个 slave 节点进行水平扩展,同时处理更多的读取请求。

(2) 可以增强读取操作的故障恢复能力。一个 slave 出故障,还有其他 slave 保证访问的正常进行。

缺点:数据一致性,如果数据更新没有通知到全部的 slave 节点,则会导致数据不一致。

2. 对等复制

主从复制有助于增强读取操作的故障恢复能力,对写操作频繁的应用没有帮助。它所提供的故障恢复能力只有在 slave 节点出错时才能体现出来,master 仍然是系统的瓶颈。对等复制是指两个节点相互为各自的副本,没有主从的概念。

优点:丢失其中一个节点不影响整个数据库的访问。

缺点:因为同时接受写入请求,容易出现数据不一致问题。在实际使用中,通常只有一个节点接受写入请求,另一个 master 作为候补,只有当对等的 master 出故障时才会自动承担写操作请求。

3. 数据一致性

有一个存储系统,其底层是一个复杂的高可用、高可靠的分布式存储系统。一致性模型的定义如下。

(1) 强一致。按照某一顺序串行执行存储对象的读/写操作,更新存储对象之后,后续访问总是读到最新值。假如进程 A 先更新了存储对象,存储系统保证后续 A、B、C 的读取操作都将返回最新值。

(2) 弱一致性。更新存储对象之后,后续访问可能读不到最新值。假如进程 A 先更新了存储对象,存储系统不能保证后续 A、B、C 的读取操作能读取到最新值。从更新成功这一刻开始算起,到所有访问者都能读到修改后的对象为止,这段时间称为"不一致性窗口",在该窗口内访问存储时无法保证一致性。

(3) 最终一致性。最终一致性是弱一致性的特例,存储系统保证所有访问将最终读到对象的最新值。例如,进程 A 写一个存储对象,如果对象上后续没有更新操作,那么最终 A、B、C 的读取操作都会读取到 A 写入的值。"不一致性窗口"的大小依赖于交互延迟、系统的负载,以及副本个数等。

8.3　重要数据结构和算法

分布式存储系统中存储大量的数据,同时需要支持大量的上层读/写操作,为了实现高吞吐量,设计和实现一个良好的数据结构能起到相当大的作用。典型的如 LSM 树结构,为 NoSQL 系统对外提供高吞吐量提供了更大的可能。在大规模分布式系统中需要查找到具体的数据,设计一个良好的数据结构,以支持快速的数据查找,如 MemC3 中的 Cuckoo Hash,为 MemC3 在读多写少负载情况下极大地减少了访问延迟;HBase 中的 Bloom Filter 结构,用于在海量数据中快速确定数据是否存在,减少了大量的数据访问操作,从而提高了总体的数据访问速度。

因此,一个良好的数据结构和算法对于分布式系统来说有着很大的作用。下面讲述当前大数据存储领域中一些比较重要的数据结构。

8.3.1　Bloom Filter

Bloom Filter 用于在海量数据中快速查找给定的数据是否在某个集合内。

如果想判断一个元素是不是在一个集合内,一般想到的是将集合中的所有元素保存起来,然后通过比较确定,链表、树、散列表(又叫哈希表,Hash Table)等数据结构都是这种思路。但是随着集合中元素的增加,需要的存储空间越来越大,同时检索速度也越来越慢,上述三种结构的检索时间复杂度分别为 $O(n)$、$O(\log n)$、$O(n/k)$。

Bloom Filter 的原理是当一个元素被加入集合时,通过 k 个散列函数将这个元素映射成一个位数组中的 k 个点,把它们置为 1。检索时,用户只要看看这些点是不是都是 1 就(大约)知道集合中有没有它了:如果这些点有任何一个 0,则被检元素一定不在;如果都是1,则被检元素很可能在。这就是 Bloom Filter 的基本思想。

Bloom Filter 的高效是有一定代价的:在判断一个元素是否属于某个集合时,有可能会把不属于这个集合的元素误认为属于这个集合。因此,Bloom Filter 不适合那些"零错误"的应用场合。在能容忍低错误率的应用场合下,Bloom Filter 通过极少的错误换取了存储空间的极大节省。

下面具体来看 Bloom Filter 是如何用位数组表示集合的。初始状态时如图 8-5 所示,Bloom Filter 是一个包含 m 位的位数组,每一位都置为 0。

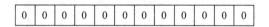

图 8-5　Bloom Filter 初始位数组

为了表达 $S=\{x_1, x_2, \cdots, x_n\}$ 这样一个 n 个元素的集合,Bloom Filter 使用 k 个相互独立的哈希函数(Hash Function),它们分别将集合中的每个元素映射到 $\{1, \cdots, m\}$ 的范围中。对任意一个元素 x,第 i 个哈希函数映射的位置 $h_i(x)$ 会被置为 $1(1 \leqslant i \leqslant k)$。注意,如果一个位置多次被置为 1,那么只有第一次会起作用,后面几次将没有任何效果。在图 8-6 中,$k=3$,且有两个哈希函数选中同一个位置(从左边数第 5 位,即第 2 个"1"处)。

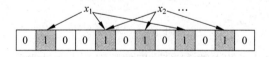

图 8-6　Bloom Filter 哈希函数

在判断 y 是否属于这个集合时,对 y 应用 k 次哈希函数,如果所有 $h_i(y)$ 的位置都是 $1(1 \leqslant i \leqslant k)$,那么就认为 y 是集合中的元素,否则就认为 y 不是集合中的元素。图 8-7 中的 y_1 就不是集合中的元素(因为 y_1 有一处指向了 0 位)。y_2 或者属于这个集合,或者不属于这个集合,如图 8-7 所示。

这里举一个例子。有 A、B 两个文件,各存放 50 亿条 URL,每条 URL 占用 64B,内存限制是 4GB,试找出 A、B 文件共同的 URL。如果是 3 个乃至 n 个文件呢?

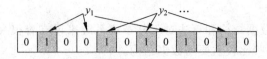

图 8-7　Bloom Filter 查找

根据这个问题来计算一下内存的占用，4GB＝2^{32}B，大概是 43 亿，乘以 8 大概是 340 亿比特，n＝50 亿，如果按出错率 0.01 算大概需要 650 亿比特。现在可用的是 340 亿，相差并不多，这样可能会使出错率上升一些。另外，如果这些 URL 和 IP 是一一对应的，就可以转换成 IP，这样就简单多了。

8.3.2　LSM 树

存储引擎和 B 树存储引擎一样，同样支持增、删、读、改、顺序扫描操作，而且可通过批量存储技术规避磁盘随机写入问题。但是 LSM 树和 B＋树相比，LSM 树牺牲了部分读性能，用来大幅度提高写性能。

LSM 树的原理是把一棵大树拆分成 n 棵小树，它首先写入内存中，随着小树越来越大，内存中的小树会 flush 到磁盘中，磁盘中的树定期可以做 merge 操作，合并成一棵大树，以优化读性能。

对于最简单的二层 LSM 树而言，内存中的数据和磁盘中的数据做 merge 操作如图 8-8 所示。

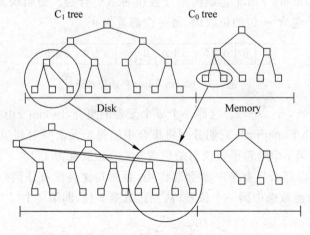

图 8-8　LSM 树

之前存在于磁盘的叶子节点被合并后，旧的数据并不会被删除，这些数据会复制一份和内存中的数据一起顺序写到磁盘。这样操作会有一些空间的浪费，但是 LSM 树提供了一些机制来回收这些空间。

磁盘中的树的非叶子节点数据也被缓存在内存中。

数据查找会首先查找内存中的树，如果没有查到结果，会转而查找磁盘中的树。

为什么 LSM 树的插入数据速度比较快呢？

（1）插入操作首先会作用于内存，由于内存中的树不会很大，因此速度快。

（2）合并操作会顺序写入一个或多个磁盘页，比随机写入快得多。

8.3.3 Merkle 哈希树

Merkle Tree 是由计算机科学家 Ralph Merkle 提出的,并以他本人的名字来命名。本书将从数据"完整性校验"(检查数据是否有损坏)的角度介绍 Merkle Tree。

1. 哈希

要实现完整性校验,最简单的方法就是对要校验的整个数据文件做哈希运算,将得到的哈希值发布在网上,当把数据下载后再次运算一下哈希值,如果运算结果相等,就表示下载过程中文件没有任何损坏。因为哈希的最大特点是,如果输入数据稍微变了一点儿,那么经过哈希运算,得到的哈希值将会变得完全不一样。构成的哈希拓扑结构如图 8-9 所示。

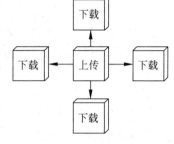

图 8-9 哈希拓扑

如果从一个稳定的服务器上进行下载,那么采用单个哈希进行校验的形式是可以接受的。

2. 哈希列表

但在点对点网络中进行数据传输时,如图 8-10 所示,我们会同时从多个机器上下载数据,而其中很多机器可以认为是不稳定或者是不可信的,这时需要有更加巧妙的做法。在实际中,点对点网络在传输数据的时候都是把比较大的一个文件切成小的数据块。这样的好处是如果有一小块数据在传输过程中损坏了,只要重新下载这一个数据块,不用重新下载整个文件。当然,这要求每个数据块都拥有自己的哈希值。在下载 BT 的时候,在下载真正的数据之前用户会先下载一个哈希列表。这时有一个问题出现了,如此多的哈希,我们怎么保证它们本身都是正确的呢?

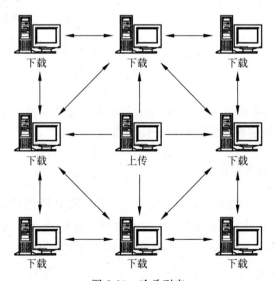

图 8-10 哈希列表

答案是我们需要一个根哈希,如图 8-11 所示,把每个小块的哈希值拼到一起,然后对这个长长的字符串再做一次哈希运算,最终的结果就是哈希列表的根哈希。如果能够保证从一个绝对可信的网站拿到一个正确的根哈希,就可以用它来校验哈希列表中的每一个哈希是否都是正确的,进而可以保证下载的每一个数据块的正确性。

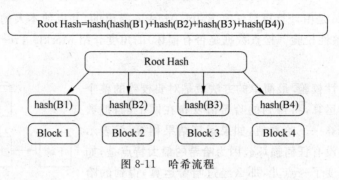

图 8-11　哈希流程

3. Merkle Tree 结构

在最底层,和哈希列表一样,我们把数据分成小的数据块,有相应的哈希和它对应。但是往上走,并不是直接运算根哈希,而是把相邻的两个哈希合并成一个字符串,然后运算这个字符串的哈希,这样每两个哈希组合得到了一个"子哈希"。如果最底层的哈希总数是单数,那么到最后必然出现一个单哈希,对于这种情况直接对它进行哈希运算,所以也能得到它的子哈希。于是往上推,依然是一样的方式,可以得到数目更少的新一级哈希,最终必然形成一棵倒着的树,到了树根的这个位置就剩下一个根哈希了,我们把它称为 Merkle Root,如图 8-12 所示。

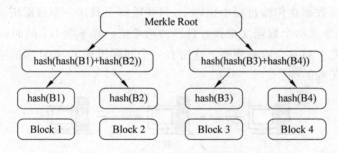

图 8-12　Merkle Tree 结构

相对于 Hash List,Merkle Tree 明显的一个好处是可以单独拿出一个分支来对部分数据进行校验,这是哈希列表所不能比拟的方便和高效。

8.3.4　Cuckoo 哈希

Cuckoo 哈希是一种解决 Hash 冲突的方法,其目的是使用简易的 hash 函数来提高 Hash Table 的利用率,保证 $O(1)$ 的查询时间也能够实现 hash key 的均匀分布。

基本思想是使用两个 hash 函数来处理碰撞,从而每个 key 都对应到两个位置。

插入操作如下。

(1) 对 key 值哈希,生成两个 hash key 值:hash k1 和 hash k2,如果对应的两个位置上有一个为空,直接把 key 插入即可。

(2) 否则,任选一个位置,把 key 值插入,把已经在那个位置的 key 值踢出。

（3）被踢出来的 key 值需要重新插入，直到没有 key 被踢出为止。

其查找思路与一般哈希一致。

Cuckoo Hash 在读多写少的负载情况下能够快速实现数据的查找。

8.4　分布式文件系统

8.4.1　文件存储格式

文件系统最后都需要以一定的格式存储数据文件，常见的文件系统存储布局有行式存储、列式存储以及混合式存储三种，不同的类别各有其优缺点和适用的场景。在目前的大数据分析系统中，列式存储和混合式存储方案因其特殊优点被广泛采用。

1. 行式存储

在传统关系型数据库中，行式存储被主流关系型数据库广泛采用，HDFS 文件系统也采用行式存储。在行式存储中，每条记录的各个字段连续地存储在一起，而对于文件中的各个记录也是连续存储在数据块中，图 8-13 是 HDFS 的行式存储布局，每个数据块除了存储一些管理元数据外，每条记录都以行的方式进行数据压缩后连续存储在一起。

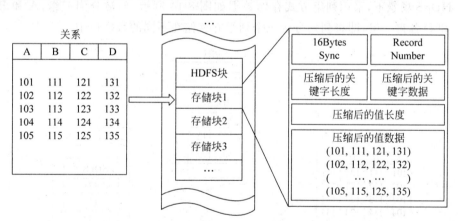

图 8-13　HDFS 的行式存储

行式存储对于大数据系统的需求已经不能很好地满足，主要体现在以下几个方面。

1）快速访问海量数据的能力被束缚

行的值由响应的列的值来定位，这种访问模型会影响快速访问的能力，因为在数据访问的过程中引入了耗时的输入/输出。在行式存储中，为了提高数据处理能力，一般通过分区技术来减少查询过程中数据输入/输出的次数，从而缩短响应时间。但是这种分区技术对海量数据规模下的性能改善效果并不明显。

2）扩展性差

在海量规模下，扩展性差是传统数据存储的一个致命的弱点。一般通过向上扩展（Scale up）和向外扩展（Scale out）来解决数据库扩展的问题。向上扩展是通过升级硬件来提升速度，从而缓解压力；向外扩展则是按照一定的规则将海量数据进行划分，再将原来集中存储的数据分散到不同的数据服务器上。但由于数据被表示成关系模型,从而难以被划分到不同的分片中等原因,这种解决方案仍然存在一定的局限性。

2. 列式存储

与行式存储布局对应,列式存储布局实际存储数据时按照列对所有记录进行垂直划分,将同一列的内容连续存放在一起。简单的记录数据格式类似于传统数据库的平面型数据结构,一般采取列组(Column Group/Column Family)的方式。典型的列式存储布局是按照记录的不同列对数据表进行垂直划分,同一列的所有数据连续存储在一起,这样做有两个好处,一个好处是对于上层的大数据分析系统来说,如果查询操作只涉及记录的个别列,则只需读取对应的列内容即可,其他字段不需要进行读取操作;另一个好处是,因为数据按列存储,所以可以针对每列数据采取具有针对性的数据压缩算法,从而提升压缩率。但是列式存储的缺陷也很明显,对于 HDFS 这种按块存储的模式而言,有可能不同列分布在不同的数据块,所以为了拼合出完整的记录内容,可能需要大量的网络传输,导致效率低下。

采用列组方式存储布局可以在一定程度上缓解这个问题,也就是将记录的列进行分组,将经常使用的列分为一组,这样即使是按照列式来存储数据,也可以将经常联合使用的列存储在一个数据块中,避免通过不必要的网络传输来获取多列数据,对于某些场景而言会较大地提升系统性能。

在 HDFS 场景下,采用列组方式存储数据如图 8-14 所示,列被分为三组,A 和 B 分为一组,C 和 D 各自一组,即将列划分为三个列组并存储在不同的数据块中。

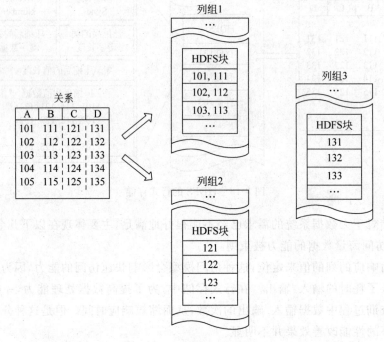

图 8-14　HDFS 列式存储布局

3. 混合式存储

尽管列式存储布局可以在一定程度上缓解上述的记录拼合问题,但是并不能彻底解决。

混合式存储布局能够融合行式和列式存储布局的优点，能比较有效地解决这一问题。

混合式存储布局融合了行式和列式存储布局的优点，首先将记录表按照行进行分组，若干行划分为一组，而对于每组内的所有记录，在实际存储时按照列将同一列内容连续存储在一起。

8.4.2　Google 文件系统

GFS(Google File System，Google 文件系统)是 Google 公司为了存储百亿计的海量网页信息而专门开发的文件系统。在 Google 的整个大数据存储与处理技术框架中，GFS 是其他相关技术的基石，既提供了海量非结构化数据的存储平台，又提供了数据的冗余备份、成千台服务器的自动负载均衡以及失效服务器检测等各种完备的分布式存储功能。

考虑到 GFS 是在搜索引擎这个应用场景下开发的，在设计之初就定下了几个基本的设计原则。

首先，GFS 采用大量商业 PC 来构建存储集群。PC 的稳定性并没有很高的保障，尤其是大规模集群，每天都有机器宕机或者硬盘故障发生，这是 PC 集群的常态。因此，数据冗余备份、故障自动检测、故障机器自动恢复等都列在 GFS 的设计目标里。

其次，GFS 中存储的文件绝大多数是大文件，文件大小集中在 100MB 到几 GB 之间，所以系统设计应该对大文件的读/写操作做出有针对性的优化。

再次，系统中存在大量的"追加"写操作，即在已有文件的末尾追加内容，已经写入的内容不做更改；而很少有"随机"写行为，即在文件的某个特定位置之后写入数据。

最后，对于数据读取操作来说，绝大多数操作都是"顺序"读，少量的操作是"随机"读，即按照数据在文件中的顺序一次读入大量数据，而不是不断地在文件中定位到指定位置读取少量数据。

在下面的介绍中可以看到，GFS 的大部分技术思路都是围绕以上几个设计目标提出的。

在了解 GFS 整体架构之前首先了解一下 GFS 中的文件和文件系统。在应用开发者看来，GFS 文件系统类似于 Linux 文件系统中的目录和目录下的文件构成的树状结构。这个树状结构在 GFS 中被称为"GFS 命名空间"，同时，GFS 提供了文件的创建、删除、读取和写入等常见的操作接口。

上文说到，GFS 中大量存储的是大文件，文件大小超过几 GB 是很常见的。虽然文件大小各异，但 GFS 在实际存储的时候首先将不同大小的文件切割成固定大小的数据块，每一个块称为一个 Chunk。通常一个 Chunk 的大小设定为 64MB，这样每个文件就是由若干个固定大小的 Chunk 构成的。

GFS 以 Chunk 为基本存储单位，同一个文件的不同 Chunk 可能存储在不同的 ChunkServer 上，每个 ChunkServer 可以存储来自于不同文件的 Chunk。另外，在 ChunkServer 内部会对 Chunk 进一步切割，将其切割为更小的数据块，每一块被称为一个 Block。Block 是文件读取的基本单位，即每次读取至少读一个 Block。

图 8-15 显示了 GFS 的整体架构，在这个架构中，主节点主要用来做管理工作，负责维护 GFS 命名空间和 Chunk 命名空间。在 GFS 系统内部，为了能识别不同的 Chunk，每个 Chunk 都被赋予一个唯一的编号，所有 Chunk 编号构成了 Chunk 命名空间。由于 GFS 文

件被切割成了 Chunk，主节点还记录了每个 Chunk 存储在哪台 ChunkServer 上，以及文件和 Chunk 之间的映射关系。

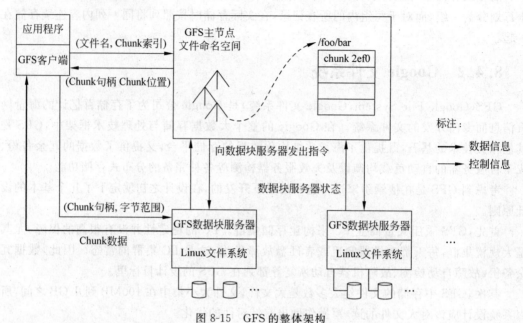

图 8-15　GFS 的整体架构

在 GFS 架构下，我们来看看"GFS 客户端"是如何读取数据的。

对于"GFS 客户端"来说，应用开发者提交的数据请求是从文件 file 中的位置 P 开始读取大小为 L 的数据。GFS 在收到这种请求后会在内部做转换，因为 Chunk 的大小是固定的，所以从位置 P 和大小 L 可以计算出要读的数据位于文件 file 的第几个 Chunk 中，请求被转换为 file、Chunk 序号的形式。随后，这个请求被发送到 GFS 主节点，通过"主服务器"可以知道要读的数据在哪台 ChunkServer 上，同时可以将 Chunk 序号转换为系统内唯一的 Chunk 编号，并将这两个信息传回"GFS 客户端"。

"GFS 客户端"知道了应该去哪台 ChunkServer 读取数据后会和 ChunkServer 建立连接，并发送要读取的 Chunk 编号以及读取范围，ChunkServer 接收到请求后将请求的数据发送给"GFS 客户端"，如此就完成了一次数据读取的工作。

8.4.3　HDFS

Hadoop 分布式文件系统（HDFS）被设计成适合运行在商业硬件上的分布式文件系统。Hadoop 分布式文件系统和现有的分布式文件系统有很多共同点，但它和其他的分布式文件系统的区别也是很明显的。HDFS 是一个高度容错性的系统，适合部署在廉价的机器上。HDFS 能提供高吞吐量的数据访问，非常适合大规模数据集上的应用。HDFS 在最开始是作为 Apache Nutch 搜索引擎项目的基础架构开发的。HDFS 是 Apache Hadoop Core 项目的一部分。

HDFS 采用 master/slave 架构。一个 HDFS 集群由一个 NameNode 和一定数目的 DataNode 组成。NameNode 是一个中心服务器，负责管理文件系统的名字空间（namespace）以及客户端对文件的访问。集群中的 DataNode 一般是一个服务器，负责管理它所在节点上的存储。HDFS呈现了文件系统的名字空间,用户能够以文件的形式在上面存储数据。从内部看,一个文件其实被分成一个或多个数据块,这些块存储在一组DataNode上。NameNode执行文件系统的名字空间操作,比如打开、关闭、重命名文件或目录。它也负责确定数据块到具体DataNode节点的映射。DataNode负责处理文件系统客户端的读/写请求。在NameNode的统一调度下进行数据块的创建、删除和复制。HDFS架构如图8-16所示。

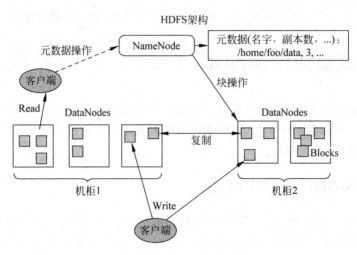

图8-16　HDFS架构

　　NameNode和DataNode被设计成可以在普通的商用机器上运行,这些机器一般运行着GNU/Linux操作系统。

　　HDFS采用Java语言开发,因此任何支持Java的机器都可以部署NameNode或DataNode。由于采用了可移植性极强的Java语言,使得HDFS可以部署到多种类型的机器上。一个典型的部署场景是一台机器上只运行一个NameNode实例,而集群中的其他机器分别运行一个DataNode实例。这种架构并不排斥在一台机器上运行多个DataNode,但是这样的情况比较少见。

　　客户端访问HDFS中文件的流程如下。

　　(1) 从NameNode获得组成这个文件的数据块位置列表。

　　(2) 根据位置列表得到储存数据块的DataNode。

　　(3) 访问DataNode获取数据。

　　HDFS保证数据存储可靠性的机理如下。

　　(1) 冗余副本策略。所有数据都有副本,对于副本的数目可以在hdfs-site.xml中设置相应的副本因子。

　　(2) 机架策略。采用一种"机架感知"相关策略,一般在本机架存放一个副本,在其他机架再存放别的副本,这样可以防止机架失效时丢失数据,也可以提高带宽利用率。

　　(3) 心跳机制。NameNode周期性地从DataNode接收心跳信号和块报告,没有按时发送心跳的DataNode会被标记为宕机,不会再给任何I/O请求,若是DataNode失效造成副本数量下降,并且低于预先设置的阈值,NameNode会检测出这些数据块,并在合适的时机进行重新复制。

（4）安全模式。NameNode 启动时会先经过一个"安全模式"阶段。

（5）校验和。客户端获取数据通过检查校验和发现数据块是否损坏，从而确定是否要读取副本。

（6）回收站。删除文件会先到回收站，其里面的文件可以快速恢复。

（7）元数据保护。映像文件和事务日志是 NameNode 的核心数据，可以配置为拥有多个副本。

（8）快照。支持存储某个时间点的映像，需要时可以使数据重返这个时间点的状态。

8.5　分布式数据库 NoSQL

NoSQL 泛指非关系型数据库，相对于传统关系型数据库，NoSQL 有着更复杂的分类，包括 KV 数据库、文档数据库、列式数据库以及图数据库等。这些类型的数据库能够更好地适应复杂类型的海量数据存储。

8.5.1　NoSQL 数据库概述

一个 NoSQL 数据库提供了一种存储和检索数据的方法，该方法不同于传统的关系型数据库那种表格形式。NoSQL 形式的数据库从 20 世纪 60 年代后期开始出现，直到 21 世纪早期，伴随着 Web 2.0 技术的不断发展，其中以互联网公司为代表，如 Google、Amazon、Facebook 等公司，带动了 NoSQL 这个名字的出现。目前 NoSQL 在大数据领域的应用非常广泛，应用于实时 Web 应用。

促进 NoSQL 发展的因素如下。

（1）简单设计原则，可以更简单地水平扩展到多机器集群。

（2）更细粒度地控制有效性。

一种 NoSQL 数据库的有效性取决于该类型 NoSQL 所能解决的问题。大多数 NoSQL 数据库系统都降低了系统的一致性，以利于有效性、分区容忍性和操作速度。当前制约 NoSQL 发展的很大部分原因是因为 NoSQL 的低级别查询语言、缺乏标准接口以及当前在关系型数据的投入。

目前大多数 NoSQL 提供了最终一致性，也就是数据库的更改最终会传递到所有节点上。表 8-3 是当前常用的 NoSQL 列表。

表 8-3　常用 NoSQL 列表

类　　型	实　　例
Key-Value Cache	Infinispan，Memcached，Repcached，Terracotta，Velocity
Key-Value Store	Flare，Keyspace，RAMCloud，SchemaFree，Hyperdex，Aerospike
Data-Structures Server	Redis
Document Store	Clusterpoint，Couchbase，CouchDB，DocumentDB，Lotus Notes，MarkLogic，MongoDB
Object Database	DB4O，Objectivity/DB，Perst，Shoal，ZopeDB

8.5.2 KV 数据库

KV 数据库是最常见的 NoSQL 数据库形式,其优势是处理速度非常快,缺点是只能通过完全一致的键(Key)查询来获取数据。根据数据的保存形式,键值存储可以分为临时性和永久性,下面介绍两者兼具的 KV 数据库 Redis。

Redis 是著名的内存 KV 数据库,在工业界得到了广泛的使用。它不仅支持基本的数据类型,也支持列表、集合等复杂的数据结构,因此拥有较强的表达能力,同时又有非常高的读/写效率。Redis 支持主从同步,数据可以从主服务器向任意数量的从服务器上同步,从服务器可以是关联其他从服务器的主服务器,这使得 Redis 可以执行单层树复制。由于完全实现了发布/订阅机制,使得从数据库在任何地方同步树时可订阅一个频道并接收主服务器完整的消息发布记录。同步对读取操作的可扩展性和数据冗余很有帮助。

对于内存数据库而言,最为关键的一点是如何保证数据的高可用性,应该说 Redis 在发展过程中更强调系统的读/写性能和使用便捷性,在高可用性方面一直不太理想。

如图 8-17 所示,系统中有唯一的 Master(主设备)负责数据的读/写操作,可以有多个 Slave(从设备)来保存数据副本,数据副本只能读取不能更新。Slave 初次启动时从 Master 获取数据,在数据复制过程中 Master 是非阻塞的,即同时可以支持读/写操作。Master 采取快照结合增量的方式记录即时起新增的数据操作,在 Slave 就绪之后以命令流的形式传给 Slave,Slave 顺序执行命令流,这样就达到 Slave 和 Master 的数据同步。

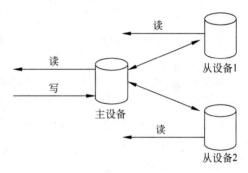

图 8-17　Redis 的副本维护策略

由于 Redis 采用这种异步的主从复制方式,所以 Master 接收到数据更新操作到 Slave 更新数据副本有一个时间差,如果 Master 发生故障可能导致数据丢失。而且 Redis 并未支持主从自动切换,如果 Master 故障,此时系统表现为只读,不能写入。由此可以看出 Redis 的数据可用性保障还是有缺陷的,那么在现版本下如何实现系统的高可用呢?一种常见的思路是使用 Keepalived 结合虚拟 IP 来实现 Redis 的 HA 方案。Keepalived 是软件路由系统,主要目的是为应用系统提供简洁强壮的负载均衡方案和通用的高可用方案。使用 Keepalived 实现 Redis 高可用方案如下。

首先在两台(或多台)服务器上分别安装 Redis 并设置主从。

其次,Keepalived 配置虚拟 IP 和两台 Redis 服务器的 IP 的映射关系,这样对外统一采用虚拟 IP,而虚拟 IP 和真实 IP 的映射关系及故障切换由 Keepalived 负责。当 Redis 服务器都正常时,数据请求由 Master 负责,Slave 只需要从 Master 复制数据;当 Master 发生故障时,Slave 接管数据请求并关闭主从复制功能,以避免 Master 再次启动后 Slave 数据被清掉;当 Master 恢复正常后,首先从 Slave 同步数据以获取最新的数据情况,关闭主从复制并恢复 Master 身份,与此同时 Slave 恢复其 Slave 身份。通过这种方法即可在一定程度上实现 Redis 的 HA。

8.5.3　列式数据库

列式数据库基于列式存储的文件存储格局,兼具 NoSQL 和传统数据库的一些优点,具有很强的水平扩展能力、极强的容错性以及极高的数据承载能力,同时也有接近于传统关系型数据库的数据模型,在数据表达能力上强于简单的 KV 数据库。

下面以 BigTable 和 HBase 为例介绍列式数据库的功能和应用。

BigTable 是 Google 公司设计的分布式数据存储系统,针对海量结构化或半结构化的数据,以 GFS 为基础,建立了数据的结构化解释,其数据模型与应用更贴近。目前,BigTable 已经在超过 60 个 Google 产品和项目中得到了应用,其中包括 Google Analysis、Google Finance、Orkut 和 Google Earth 等。

BigTable 的数据模型本质上是一个三维映射表,其最基础的存储单元由行主键、列主键、时间构成的三维主键唯一确定。BigTable 中的列主键包含两级,其中第一级被称为"列簇"(Column Families),第二级被称为列限定符(Column Qualifier),两者共同构成一个列的主键。

在 BigTable 内可以保留着时间变化的不同版本的同一信息,这个不同版本由"时间戳"维度进行区分和表达。

HBase 是一个开源的非关系型分布式数据库,它参考了 Google 的 BigTable 模型,实现的编程语言为 Java。它是 Apache 软件基金会的 Hadoop 项目的一部分,运行于 HDFS 文件系统之上,为 Hadoop 提供类似于 BigTable 规模的服务。因此,它可以容错地存储海量稀疏的数据。HBase 在列上实现了 BigTable 论文提到的压缩算法、内存操作和布隆过滤器 Bloom Filter。HBase 的表能够作为 MapReduce 任务的输入和输出,可以通过 Java API 来访问数据,也可以通过 REST、Avro 或者 Thrift 的 API 来访问。HBase 的整体架构如图 8-18 所示。

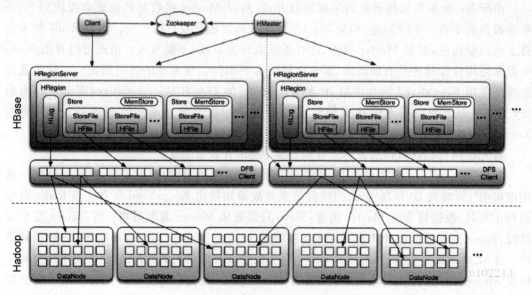

图 8-18　HBase 存储架构图

HBase 以表的形式存放数据。表由行和列组成,每个列属于某个列簇,由行和列确定的存储单元称为元素,每个元素保存了同一份数据的多个版本,由时间戳来标识区分,如表 8-4 所示。

表 8-4 HBase 存储结构

行　　健	时间戳	列"contents:"	列"anchor:"		列"mine:"
"com. cnn. www"	t9		"anchor:cnnsi. com"	"CNN"	
	t8		"anchor:my. look. ca"	"CNN. com"	
	t6	"< html >…"			"text/html"
	t5	"< html >…"			
	t3	"< html >…"			

8.5.4 图数据库

在图的领域并没有一套被广泛接受的术语,存在着很多不同类型的图模型。但是,有人致力于创建一种属性图形模型(Property Graph Model),以期统一大多数不同的图实现。按照该模型,属性图里信息的建模使用下面三种构造单元。

(1) 节点(即顶点);

(2) 关系(即边),具有方向和类型(标记和标向);

(3) 节点和关系上面的属性(即特性)。

更特殊的是,这个模型是一个被标记和标向的属性多重图。被标记的图的每条边都有一个标签,它被用来作为那条边的类型。有向图允许边有一个固定的方向,从末或源节点到首或目标节点。属性图允许每个节点和边有一组可变的属性列表,其中的属性是关联某个名字的值,简化了图形结构。多重图允许两个节点之间存在多条边。这意味着两个节点可以由不同边连接多次,即使两条边有相同的尾、头和标记。

图 8-19 是一个被标记的小型属性图。

下面以 Neo4j 这个具体的图数据库介绍图数据库的特性。Neo4j 是基于 Java 开发的开源图数据库,也是一种 NoSQL 数据库。Neo4j 在保证对数据关系的良好刻画的同时还支持传统关系型数据的 ACID 特性,并且在存储效率、集群支持以及失效备援等方面都有着不错的表现。

在所支持的数据类型上,Neo4j 支持两种数据类型,具体结构如图 8-20 所示。

(1) 节点。节点类似于 E-R 图中的实体(Entity),每个实体可以有 0 到多个属性,这些属性以 Key-Value 对的形式存在,并且对属性没有类别要求,也无须提前定义。另外,还允许给每个节点打上标签,以区别不同类型的节点。

(2) 关系。关系类似于 E-R 图中的关系(Relationship),一个关系由一个起始节点和一个终止节点构成。另外和 node 一样,关系也可以有多个属性和标签。

一个实际的图数据库实例如图 8-21 所示。

Neo4j 具有以下特性。

(1) 关系在创建的时候就已经实现了,因而在查询关系的时候是一个 $O(1)$ 的操作。

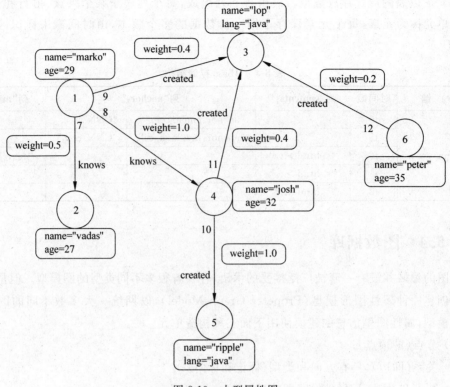

图 8-19 小型属性图

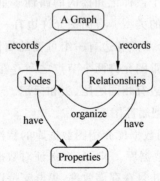

图 8-20 Neo4j 数据类型

（2）所有的关系在 Neo4j 中都是同等重要的。

（3）提供了图的深度优先搜索、广度优先搜索、最短路径、简单路径以及 Dijkstra 等算法。

8.5.5 文档数据库

文档数据库中的文档是一个数据记录，这个记录能够对包含的数据类型和内容进行"自我描述"，如 XML 文档、HTML 文档和 JSON 文档。下面是一个以 JSON 为存储格式的文档数据库实例。

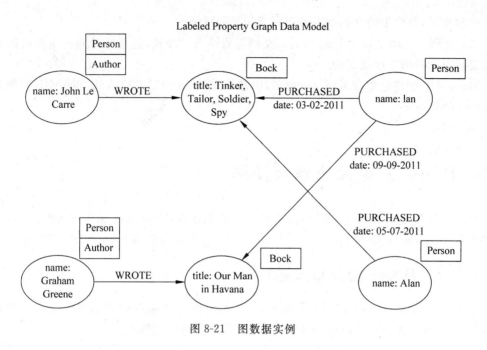

图 8-21 图数据实例

```
{
"ID":1,
"NAME":"SequoiaDB",
"Tel":{
    "Office":"123123","Mobile":"132132132"
  }
"Addr":"China,GZ"
}
```

可以看到,数据是不规则的,每一条记录包含所有有关"SequoiaDB"的信息而没有任何外部的引用,这条记录就是"自包含"的。这就使得记录很容易完全移动到其他服务器,因为这条记录的所有信息都包含在里面了,不需要考虑还有信息在其他表没有一起迁移走。同时,因为在移动过程中只有被移动的那一条记录(文档)需要操作而不像关系型中每个有联系的表都需要锁住来保证一致性,这样 ACID 的保证就会变得更快速,读/写的速度也会有很大的提升。

文档数据库中的模型采用的是模型视图控制器(MVC)中的模型层,每个 JSON 文档的 ID 就是它唯一的键,这也大致相当于关系型数据库中的主键。在社交网站领域,文档数据库的灵活性在存储社交网络图片以及内容方面更好,同时并发度也更高。

下面以 MongoDB 这种文档数据库为例讲述文档数据库在实际中的应用。

MongoDB 是一款跨平台、面向文档的数据库。用它创建的数据库可以实现高性能、高可用性,并且能够轻松扩展。MongoDB 的运行方式主要基于两个概念,即集合(collection)与文档(document)。集合就是一组 MongoDB 文档。它相当于关系型数据库(RDBMS)中的表这种概念。集合位于单独的一个数据库中。

(1) 集合。集合不能执行模式(schema)。一个集合内的多个文档可以有多个不同的字段。一般来说,集合中的文档都有着相同或相关的目的。

(2)文档。文档就是一组键-值对。文档有着动态的模式,这意味着同一集合内的文档不需要具有同样的字段或结构。

MongoDB 创建数据库采用 use 命令,语法格式为 use DATABASE_NAME,如创建一个 mydb 的数据库:

use mydb

8.6　HBase 数据库搭建与使用

HBase 是分布式 NoSQL 系统,可扩展的列式数据库,支持随机读写和实时访问,能够存储非常大的数据库表(billion 行×millions 列)。下面简要介绍 HBase 的搭建与使用。

8.6.1　HBase 伪分布式运行

因为 HBase 是运行在 HDFS 的基础之上的,所以需要先启动 HDFS 集群。这里首先运行的是 HBase 伪分布式版本,所以 HDFS 也采用伪分布式版本。

1. 启动 HDFS 集群

HDFS 的核心配置文件 hdfs-site.xml 如图 8-22 所示。

```
<configuration>
<property>
        <name>dfs.replication</name>
        <value>1</value>
    </property>
</configuration>
```

图 8-22　hdfs-site.xml 配置文件

格式化 HDFS 文件系统,输入如下命令:

```
./bin/hdfs namenode – format
```

启动 HDFS 文件系统,输入如下命令:

```
./sbin/start – dfs.sh
```

通过网页形式查看,如果如图 8-23 所示则表明启动成功。

2. 启动 ZooKeeper

HBase 启动需要 ZooKeeper 支持,使用最简单的 ZooKeeper 配置,下载 ZooKeeper 的运行包,下载地址为 http://www-us.apache.org/dist/zookeeper/zookeeper-3.4.9/。

配置 ZooKeeper,执行如下命令:

```
cp conf/zoo_sample.cfg conf/zoo.cfg
```

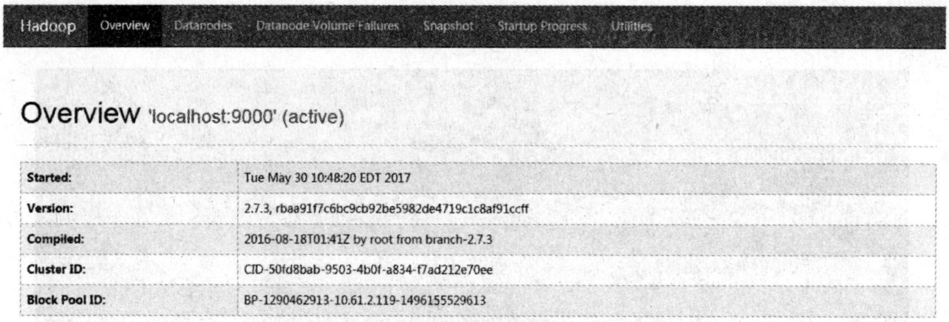

图 8-23　HDFS 集群显示页面

启动 ZooKeeper,执行如下命令:

```
./bin/zkServer.sh start
```

3. 启动 HBase 集群

下载 HBase 运行 jar 包,HBase 需要与 Hadoop 兼容,这里 Hadoop 的版本是 2.7.3,
HBase 的版本是 1.2.4,下载地址是 http://archive.apache.org/dist/hbase/1.2.4/。

配置 hbase-site.xml,如图 8-24 所示。

```xml
<configuration>
    <property>
        <name>hbase.rootdir</name>
        <value>hdfs://localhost:9000/hbase</value>
    </property>
    <property>
        <name>hbase.cluster.distributed</name>
        <value>true</value>
    </property>
</configuration>
```

图 8-24　hbase-site.xml 文件配置

启动如下命令,运行 HBase 集群:

```
./bin/start-hbase.sh
```

利用 HBase 的页面显示,查看运行状态,在浏览器中输入服务器 IP 地址加上端口号
16010,显示如图 8-25 所示。

图 8-25　HBase 伪分布式运行状态

输入如下命令,执行简单的 HBase 集群操作,如图 8-26 所示。

```
hbase(main):001:0> list
TABLE
test_pseudo
1 row(s) in 0.2080 seconds

=> ["test_pseudo"]
hbase(main):002:0> scan 'test_pseudo'
ROW                             COLUMN+CELL
 row1                           column=cf:a, timestamp=1496157474978, value=micmiu.com
1 row(s) in 0.1590 seconds

hbase(main):003:0>
```

图 8-26　HBase 伪分布式简单操作

8.6.2　HBase 分布式运行

现在运行 HBase 分布式版本,HBase 分布式版本与伪分布式版本配置过程差不多,也是分成 HDFS 启动、ZooKeeper 启动和 HBase 集群启动三个部分。

1. HDFS 集群启动

这里一共用作 HDFS 集群的机器数目为 4 台,一台当作 NameNode 节点,其他三台当作 DataNode 节点。

如图 8-27 所示,是 HDFS 集群的 hdfs-site.xml 配置文件。

```
<configuration>
    <property>
        <name>dfs.namenode.secondary.http-address</name>
        <value>20.0.1.122:9001</value>
    </property>

    <property>
        <name>dfs.namenode.rpc-address</name>
        <value>20.0.1.118:9000</value>
    </property>

    <property>
        <name>dfs.datanode.max.transfer.threads</name>
        <value>4096</value>
    </property>

    <property>
        <name>dfs.namenode.name.dir</name>
        <value>/mnt/disk1/hadoop/hdfs/name</value>
    </property>
```

图 8-27　hdfs-site.xml 配置文件

启动 HDFS 集群,输入如下命令:

```
./sbin/start-dfs.sh
```

利用 Web 界面查看 HDFS 运行状态,如图 8-28 所示。

2. 启动 ZooKeeper

HBase 启动需要 ZooKeeper 支持,配置 ZooKeeper,修改 zoo.cfg 文件,具体配置如图 8-29 所示。

启动 ZooKeeper,执行如下命令:

Hadoop   Overview   Datanodes   Datanode Volume Failures   Snapshot   Startup Progress   Utilities

Datanode Information

In operation

Node	Last contact	Admin State	Capacity	Used	Non DFS Used	Remaining	Blocks	Block pool used	Failed Volumes	Version
dell121:50010 (10.61.2.121:50010)	1	In Service	1007.8 GB	1.27 GB	892.99 GB	113.54 GB	69	1.27 GB (0.13%)	0	2.7.3
dell120:50010 (10.61.2.120:50010)	0	In Service	1023.5 GB	6.69 GB	327.58 GB	689.23 GB	113	6.69 GB (0.65%)	0	2.7.3
dell119:50010 (10.61.2.119:50010)	1	In Service	1023.5 GB	6.69 GB	396.57 GB	620.24 GB	113	6.69 GB (0.65%)	0	2.7.3

图 8-28　HDFS 集群运行状态

```
# the port at which the clients will connect
clientPort=2181
server.1=10.61.2.118:2888:3888
server.2=10.61.2.119:2888:3888
server.3=10.61.2.120:2888:3888
```

图 8-29　ZooKeeper 集群配置

```
./bin/zkServer.sh start
```

3. 启动 HBase 集群

配置 hbase-site.xml,配置如图 8-30 所示。

```
<configuration>
    <property>
        <name>hbase.cluster.distributed</name>
        <value>true</value>
    </property>
    <property>
        <name>hbase.zookeeper.quorum</name>
        <value>10.61.2.118,10.61.2.119,10.61.2.120</value>
    </property>
    <property>
        <name>hbase.regionserver.lease.period</name>
        <value>240000</value>
    </property>
    <property>
        <name>hbase.rpc.timeout</name>
        <value>280000</value>
    </property>
    <property>
        <name>zookeeper.session.timeout</name>
        <value>120000</value>
    </property>
</configuration>
```

图 8-30　hbase-site.xml 配置文件

启动如下命令,运行 HBase 集群:

```
./bin/start-hbase.sh
```

利用 HBase 的页面显示,查看运行状态,在浏览器中输入服务器 IP 地址加上端口号
16010,显示如图 8-31 所示。

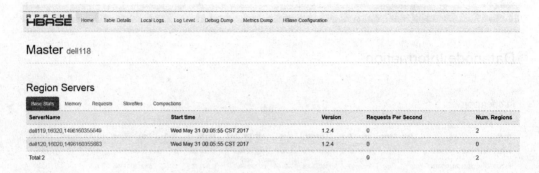

图 8-31　HBase 集群运行状态

8.7　大数据存储技术趋势

目前数据在不断产生,需要存储系统提供更强的存储能力以及更高的检索效率。当前硬件设备的成本不断下降,如内存成本在不断降低,为了满足高并发低延迟的需求,不断出现新的内存存储系统,包括 RAMCloud、Mica、VoltDB 等以内存为存储介质的分布式存储系统。因此,以内存为存储介质的分布式存储系统将是以后的一个发展方向。

其次,当前硬件设备的性能不断提升,传统的单纯只考虑软件设计原则显然不适合,需要结合新的硬件特性来做加速和重新设计新的分布式存储系统,比如 NVM 存储介质的出现,在设计以 NVM 为存储介质的分布式系统的时候在可靠性方面必然与易失型内存有显著的区别。同时,多核 CPU、高速网卡等都需要充分发挥性能,因此软/硬件协同也是分布式存储系统的一个技术趋势。

存储系统的通用性和针对性是两个不同的设计选择,目前大多数存储系统都不太可能满足各种场景,比如 HDFS 分布式文件系统是针对大文件存储,Facebook Haystack 是针对小文件,淘宝的 TFS 也是针对于小文件存储的。因此,针对性是分布式存储系统的发展趋势。

习题

1. 简述数据的分片类型。
2. 简述 LSM Tree 的工作原理。
3. 分布式文件系统存储格式有哪几种? 分别阐述。
4. 什么叫 NoSQL? 它与关系型数据库有什么区别? 简述 NoSQL 的使用场景。
5. 数据一致性包含哪几种? 各自有什么区别?

第9章

分布式处理

9.1 CPU 多核和 POSIX Thread

为了提高任务的计算处理能力,下面分别从硬件和软件层面研究新的计算处理能力。

在硬件设备上,CPU 技术不断发展,出现了 SMP(对称多处理器)和 NUMA(非一致性内存访问)两种高速处理的 CPU 结构。处理器性能的提升给大量的任务处理提供了很大的发展空间。图 9-1 是 SMP 和 NUMA 结构的 CPU,CPU 核数的增加带来了计算能力的提高,但是也随之带来了大量的问题需要解决,比如 CPU 缓存一致性问题、NUMA 内存分配策略等,目前已经有比较不错的解决方案。

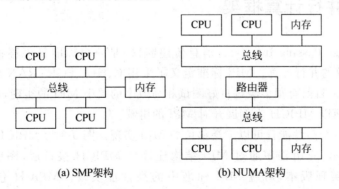

(a) SMP架构 (b) NUMA架构

图 9-1　SMP 和 NUMA 架构 CPU

在软件层面出现了多进程和多线程编程。进程是内存资源管理单元,线程是任务调度单元。图 9-2 是进程和线程之间的区别。

总的来说,线程所占用的资源更少,运行一个线程所需要的资源包括寄存器、栈、程序计

104

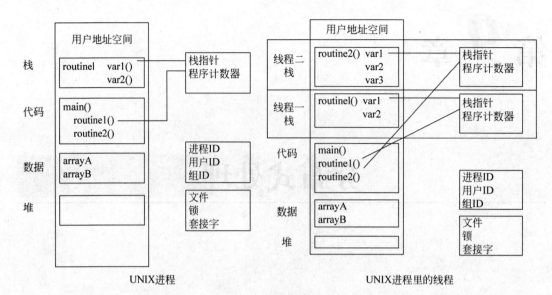

图 9-2　进程与线程

数器等。早期不同厂商提供了不同的多线程编写库,这些线程库差异巨大,为了统一多种不同的多线程库,共同制定了 POSIX Thread 多线程编程标准,以充分利用多个不同的线程库。组成 POSIX Thread 的 API 分成以下 4 个大类。

(1) 线程管理。线程管理主要负责线程的 create、detach、join 等,也包括线程属性的查询和设置。

(2) mutexes。处理同步的例程(routine)称为 mutex,mutex 提供了 create、destroy、lock 和 unlock 等函数。

(3) 条件变量。条件变量主要用于多个线程之间的通信和协调。

(4) 同步。同步用于管理读/写锁以及 barriers。

9.2　MPI 并行计算框架

MPI(Message Passing Interface,消息传递窗口)是一个标准且可移植的消息传递系统,服务于大规模的并行计算。MPI 标准定义了采用 C、C++、FORTRAN 语言编写程序的函数语法和语义。目前有很多经过良好测试和高效率的关于 MPI 的实现,广泛采用的实现有 MPICH。下面以 MPICH 为例展开对 MPI 的讲解。

MPICH 是一个高性能且可以广泛移植的 MPI 实现。图 9-3 为 MPICH 的架构图。

如图 9-3 所示,应用程序通过 MPI 结构连接到 MPICH 接口层,图中的 ROMIO 是 MPI-IO 的具体实现版本,对应 MPI 标准中的高性能实现。MPICH 包括 ADI3、CH3 Device、CH3 Interface、Nemesis、Nemesis NetMod Interface。

(1) ADI3。ADI 是抽象设备接口(Abstract Device Interface),MPICH 通过 ADI3 接口层隔离底层的具体设备。

(2) CH3 Device。CH3 Device 是 ADI3 的一个具体实现,使用了相对少数目的函数功能。在 CH3 Device 实现了多个通信 channel,channel 提供了两个 MPI 进程之间传递数据

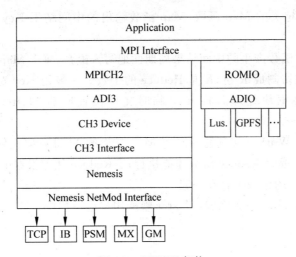

图 9-3　MPICH 架构

的途径以及进程通信。当前包括两个 channel，即 Nemesis 和 Sock，其中，Sock 是一个基于 UNIX Socket 的 channel，而 Nemesis 支持多种方法，不仅局限于 Socket 通信。

（3）CH3 Interface。CH3 Inferface 用于定义访问 Nemesis 的接口规范。

（4）Nemesis。Nemesis 允许两个 MPI 进程之间的网络通信采取多种方法，包括 TCP、InfiniBand 等。

9.3　Hadoop MapReduce

Hadoop 是一个由 Apache 基金会开发的分布式系统基础架构。Hadoop 框架最核心的设计就是 HDFS 和 MapReduce，HDFS 为海量的数据提供了存储，而 MapReduce 为海量的数据提供了计算。

HDFS（Hadoop Distributed File System）有高容错性的特点，并且设计用来部署在低廉的硬件上；而且它提供高吞吐量来访问应用程序的数据，适合有着超大数据集的应用程序。HDFS 放宽了 POSIX 的要求，可以用流的形式访问文件系统中的数据。

MapReduce 是 Google 公司提出的一个软件框架，用于大规模数据集（大于 1TB）的并行运算。"Map"和"Reduce"的概念以及它们的主要思想都是从函数式编程语言借来的，还有从矢量编程语言借来的特性。

当前的软件实现是指定一个 Map 函数，用来把一组键值对映射成一组新的键值对，指定并发的 Reduce 函数，用来保证所有映射的键值对中的每一个共享相同的键组。

处理流程如下。

（1）MapReduce 框架将应用的输入数据切分成 M 个模块，典型的数据块大小为 64MB。

（2）具有全局唯一的主控 Master 以及若干个 Worker，Master 负责为 Worker 分配具体的 Map 或 Reduce 任务并做全局管理。

（3）Map 任务的 Worker 读取对应的数据块内容，从数据块中解析 Key/Value 记录数据并将其传给用户自定义的 Map 函数,Map 函数输出的中间结果 Key/Value 数据在内存中缓存。

(4) 缓存的 Map 函数产生的中间结果周期性地写入磁盘,每个 Map 函数中间结果在写入磁盘前被分割函数切割成 R 份,R 是 Reduce 的个数。一般用 Key 对 R 进行哈希取模。Map 函数完成对应数据块处理后将 R 个临时文件位置通知 Master,Master 再转交给 Reduce 任务的 Worker。

(5) Reduce 任务 Worker 接到通知时将 Map 产生的 M 份数据文件 pull 到本地(当且仅当所有 Map 函数完成时 Reduce 函数才能执行)。Reduce 任务根据中间数据的 Key 对记录进行排序,相同 Key 的记录聚合在一起。

(6) 所有 Map、Reduce 任务完成,Master 唤醒用户应用程序。

9.4 Spark

Spark 是 UC Berkeley AMP Lab 所开源的类 Hadoop MapReduce 的通用的并行计算框架,Spark 基于 MapReduce 算法实现分布式计算,拥有 Hadoop MapReduce 所具有的优点;不同于 MapReduce 的是中间输出和结果可以保存在内存中,从而不再需要读/写 HDFS,因此 Spark 能更好地适用于数据挖掘与机器学习等需要迭代的 MapReduce 的算法。

Spark 最主要的结构是 RDD(Resilient Distributed Datasets),它表示已被分区、不可变的并能够被并行操作的数据集合,不同的数据集格式对应不同的 RDD 实现。RDD 必须是可序列化的。RDD 可以缓存到内存中,每次对 RDD 数据集操作之后的结果都可以存放到内存中,下一个操作可以直接从内存中输入,省去了 MapReduce 大量的磁盘 I/O 操作。这很适合迭代运算比较常见的机器学习算法、交互式数据挖掘。

与 Hadoop 类似,Spark 支持单节点集群或多节点集群。对于多节点操作,Spark 可以采用自己的资源管理器,也可以采用 Mesos 集群管理器来管理资源。Mesos 为分布式应用程序的资源共享和隔离提供了一个有效平台(参见图 9-4)。该设置允许 Spark 与 Hadoop 共存于节点的一个共享池中。

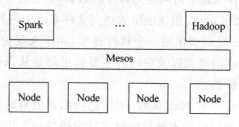

图 9-4 Mesos 集群管理器

9.5 数据处理技术发展

数据处理从早期的共享分时单 CPU 操作系统处理到多核并发处理,每台计算机设备的处理能力在不断增强,处理的任务复杂度在不断增加,任务的处理时间在不断减少。

然而,随着大数据技术的不断发展,一台计算设备无法胜任目前大数据计算的庞大的计算工作。为了解决单台计算机无法处理大规模数据计算的问题,连接多台计算机设备整合成一个统一的计算系统,对外提供计算服务。早期 Google 公司的分布式计算框架 MapReduce 采用的思想就是连接多台廉价的计算设备,以此来提供进行大规模计算任务的能力。但是 MapReduce 是建立在磁盘之上的并行计算框架,由于机械磁盘本身的局限性,MapReduce 仍然有很大的计算延迟。Spark 提出了把计算结果存放在内存中,利用内存作为存储介质的方法极大地缩短了系统的响应时间,降低了计算任务返回结果的延迟。为了满足大规模机器学习计算任务的需求,也设计了大量的分布式机器学习框架来训练机器模型参数,比如 Parameter Server;针对图计算场合,Google 公司设计实现了 Pregel 图计算框架,用于处理最短路径、Dijstra 等经典图计算任务;为了满足实时计算任务需求,设计实现了流计算框架,比如 Spark Streaming、Storm、Flink 等实时计算框架。

　　总之,目前处理技术在往大规模、低延迟方向发展,内存空间的扩大以及内存存储成本的降低给大规模数据处理提供了极好的发展契机。

习题

　　1. 简述 CPU 技术的发展趋势。

　　2. 简述 MPICH 并行计算框架。

　　3. 简述 MapReduce 的原理。

第 *10* 章

Hadoop MapReduce解析

10.1 Hadoop MapReduce 架构

MapReduce 是一种分布式计算框架，能够处理大量数据，并提供容错、可靠等功能，运行部署在大规模计算集群中。

MapReduce 计算框架采用主从架构，由 Client、JobTracker、TaskTracker 组成，如图 10-1 所示。

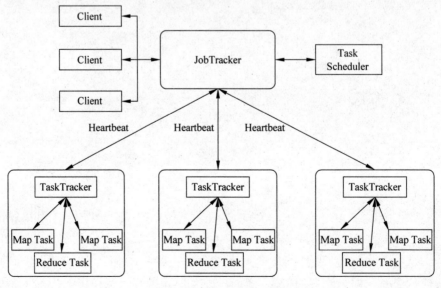

图 10-1　MapReduce 架构

1. Client

用户编写 MapReduce 程序，通过 Client 提交到 JobTracker，由 JobTracker 来执行具体的任务分发。Client 可以在 Job 执行过程中查看具体的任务执行状态以及进度。在 MapReduce 中，每个 Job 对应一个具体的 MapReduce 程序。

2. JobTracker

JobTracker 负责管理运行的 TaskTracker 节点，包括 TaskTracker 节点的加入和退出；负责 Job 的调度与分发，每一个提交的 MapReduce Job 由 JobTracker 安排到多个 TaskTracker 节点上执行；负责资源管理，在当前 MapReduce 框架中每个资源抽象成一个 slot，利用 slot 资源管理执行任务分发。

3. TaskTracker

TaskTracker 节点定期发送心跳信息给 JobTracker 节点，表明该 TaskTracker 节点运行正常。JobTracker 发送具体的任务给 TaskTracker 节点执行。TaskTracker 通过 slot 资源抽象模型，汇报给 JobTracker 节点该 TaskTracker 节点上的资源使用情况，具体分成了 Map slot 和 Reduce slot 两种类型的资源。

在 MapReduce 框架中，所有的程序执行最后都转换成 Task 来执行。Task 分成 Map Task 和 Reduce Task，这些 Task 都是在 TaskTracker 上启动。图 10-2 显示了 HDFS 作为 MapReduce 任务的数据输入源，每个 HDFS 文件切分成多个 Block，以每个 Block 为单位同时兼顾 Block 的位置信息，将其作为 MapReduce 任务的数据输入源，执行计算任务。

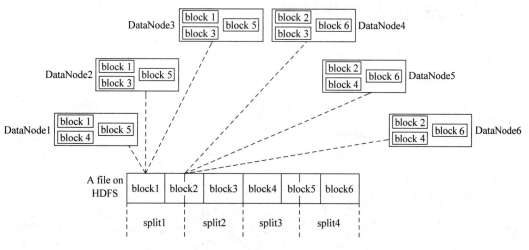

图 10-2　HDFS 作为 MapReduce 任务数据输入源

10.2　Hadoop MapReduce 与高性能计算、网格计算的区别

在 Hadoop 出现之前，高性能计算和网格计算一直是处理大数据问题主要的使用方法和工具，它们主要采用消息传递接口（Message Passing Interface，MPI）提供的 API 来处理大数据。高性能计算的思想是将计算作业分散到集群机器上，集群计算节点访问存储区域

网络 SAN 系统构成的共享文件系统获取数据,这种设计比较适合计算密集型作业。当需要访问像 PB 级别的数据的时候,由于存储设备网络带宽的限制,很多集群计算节点只能空闲等待数据。而 Hadoop 却不存在这种问题,由于 Hadoop 使用专门为分布式计算设计的文件系统 HDFS,在计算的时候只需要将计算代码推送到存储节点上即可在存储节点上完成数据的本地化计算,Hadoop 中的集群存储节点也是计算节点。在分布式编程方面,MPI 属于比较底层的开发库,它赋予了程序员极大的控制能力,但是却要程序员自己控制程序的执行流程、容错功能,甚至底层的套接字通信、数据分析算法等底层细节都需要自己编程实现。这种要求无疑对开发分布式程序的程序员提出了较高的要求。相反,Hadoop 的 MapReduce 却是一个高度抽象的并行编程模型,它将分布式并行编程抽象为两个原语操作,即 Map 操作和 Reduce 操作,开发人员只需要简单地实现相应的接口即可,完全不用考虑底层数据流、容错、程序的并行执行等细节。这种设计无疑大大降低了开发分布式并行程序的难度。

网格计算通常是指通过现有的互联网,利用大量来自不同地域、资源异构的计算机空闲的 CPU 和磁盘来进行分布式存储和计算。这些参与计算的计算机具有分处不同地域、资源异构(基于不同平台,使用不同的硬件体系结构,……)等特征,从而使网格计算和 Hadoop 这种基于集群的计算相区别。Hadoop 集群一般构建在通过高速网络连接的单一数据中心内,集群计算机都具有体系结构、平台一致的特点,而网格计算需要在互联网接入环境下使用,网络带宽等都没有保证。

10.3　MapReduce 工作机制

MapReduce 计算模式的工作原理是把计算任务拆解成 Map 和 Reduce 两个过程来执行,具体如图 10-3 所示。

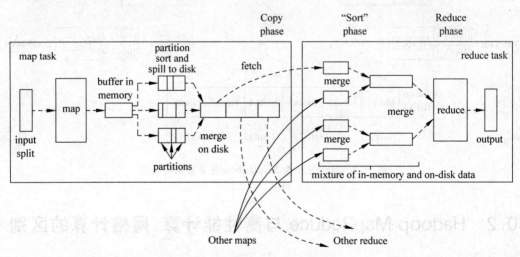

图 10-3　MapReduce 工作机制

整体而言,一个 MapReduce 程序一般分成 Map 和 Reduce 两个阶段,中间可能会有 Combine。在数据被分割后通过 Map 函数的程序将数据映射成不同的区块,分配给计算机集群处理达到分布式运算的效果,再通过 Reduce 函数的程序将结果汇整,最后输出运行计算结果。

10.3.1　Map

在进行 Map 计算之前,MapReduce 会根据输入文件计算输入分片(input split),每个输入分片针对一个 Map 任务,输入分片存储的并非数据本身,而是一个分片长度和一个记录数据位置的数组,输入分片往往和 HDFS 的 block(块)的关系很密切。假如设定 HDFS 的块的大小是 64MB,如果输入三个文件,大小分别是 3MB、65MB 和 127MB,那么 MapReduce 会把 3MB 文件分为一个输入分片,65MB 则是两个输入分片,127MB 也是两个输入分片。换句话说,如果在 Map 计算前做输入分片调整,例如合并小文件,那么会有 5 个 Map 任务将执行,而且每个 Map 执行的数据大小不均,这也是 MapReduce 优化计算的一个关键点。

接着是执行 Map 函数,Map 操作一般由用户指定。Map 函数产生输出结果时并不是直接写入到磁盘,而是采用缓冲方式写入到内存中,并对数据按关键字进行预排序,如图 10-3 所示。每个 Map 任务都有一个环状内存缓冲,用于存储 Map 操作结果,在默认情况下缓冲区大小为 100MB,该值可以用 io. sort. mb 属性修改。当内存中的数据增长到一定比例的时候,可以通过 io. sort. spill. percent 调整参数大小,后台线程会 spill 到磁盘上。在写磁盘的过程中,数据会继续写到内存缓冲区中。

10.3.2　Reduce

执行用户指定的 Reduce 函数,输出计算结果到 HDFS 集群上。Reduce 执行数据的归并,数据是以 key,list(value1,value2…)的方式存储的。这里以 wordcount 的例子来说明,此时的记录应该是 hadoop,list(1),hello,list(1,1),word,list(1),那么结果应该是 hadoop,list(1)、hello,list(2)、word,list(1)。

10.3.3　Combine

Combine 是在本地进行的一个在 Map 端做的 Reduce 的过程,其目的是提高 Hadoop 的效率。比如存在两个以 hello 为关键字的记录,直接将数据交给下一个步骤处理,所以在下一个步骤中需要处理两条 hello,1 的记录,如果先做一次 Combine,则只需处理一次 hello,2 的记录,这样做的一个好处就是当数据量很大时可以减少很多开销(直接将 partition 后的结果交给 Reduce 处理,由于 TaskTracker 并不一定分布在本节点,过多的冗余记录会影响 I/O,与其在 Reduce 时进行处理,不如在本地先进行一些优化以提高效率)。

10.3.4　Shuffle

Shuffle 描述数据从 Map task 输出到 Reduce task 输入的这段过程。

Map 端的所有工作结束之后,最终生成的这个文件也存放在 TaskTracker 节点的本地文件系统中。每个 Reduce task 通过 RPC 从 JobTracker 那里获取 Map task 是否完成的信息,从而获知某个 TaskTracker 上的 Map task 执行完成情况,Reduce task 在执行之前的工作就是不断地拉取当前 Job 里每个 Map task 的最终结果,然后对从不同地方拉取过来的数据不断地做 merge,最终形成一个文件作为 Reduce task 的输入文件,如图 10-4 所示。

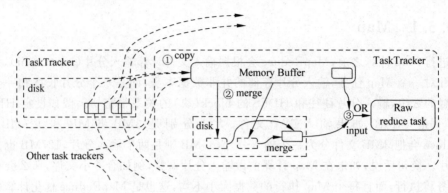

图 10-4　数据从 Map 端复制到 Reduce 端

Reducer 真正运行之前,所有的时间都是在拉取数据,做 merge,且不断重复地做。下面描述 Reduce 端的 Shuffle 细节。

(1) copy 过程。其用于简单地拉取数据。Reduce 进程启动一些数据复制线程(Fetcher),通过 HTTP 方式请求 Map task 所在的 TaskTracker 获取 Map task 的输出文件。因为 Map task 早已结束,这些文件就由 TaskTracker 存储在本地磁盘中。

(2) merge 阶段。这里的 merge 如 Map 端的 merge 动作,只是数组中存放的从不同 Map 端复制来的数值。复制来的数据会先放入内存缓冲区中,这里的缓冲区大小要比 Map 端的更为灵活,它基于 JVM 的 heap size 设置,因为在 Shuffle 阶段 Reducer 不运行,所以应该把绝大部分的内存都给 Shuffle 使用。这里需要强调的是,merge 有三种形式,即内存到内存、内存到磁盘、磁盘到磁盘。在默认情况下第一种形式不启用,让人比较困惑。当内存中的数据量达到一定阈值时就启动内存到磁盘的 merge。与 Map 端类似,这也是溢写的过程,在这个过程中如果设置有 Combiner,也是会启用的,然后在磁盘中生成了众多的溢写文件。第二种 merge 方式一直在运行,直到没有 Map 端的数据时才结束,然后启动磁盘到磁盘的 merge 方式生成最终的那个文件。

(3) Reducer 的输入文件。不断地 merge,最后会生成一个"最终文件"。那么这里为什么加引号?因为这个文件可能存在于磁盘上,也可能存在于内存中。对用户来说,当然希望将它存放于内存中,直接作为 Reducer 的输入,但默认情况下这个文件是存放于磁盘中的。当 Reducer 的输入文件已定时整个 Shuffle 才最终结束。

10.3.5　Speculative Task

MapReduce 模型把作业拆分成任务,然后并行运行任务以减少运行时间。存在这样的计算任务,它的运行时间远远长于其他任务的计算任务,减少该任务的运行时间就可以提高整体作业的运行速度,这种任务也称为"拖后腿"任务。导致任务执行缓慢的原因有很多种,包括软件和硬件原因,比如硬件配置更新迭代,MapReduce 任务运行在新旧硬件设备上,负载不均衡,任务调度的局限导致每个计算节点上的任务负载差异较大。

为了解决上述"拖后腿"任务导致的系统性能下降问题,Hadoop 为该 task 启动

Speculative Task，与原始的 task 同时运行，以最快运行结束的结果返回，加快 Job 的执行。当为一个 task 启动多个重复的 task 时，必然导致系统资源的消耗，因此采用 Speculative Task 的方式是一种以空间换时间的方式。

同时启动多个重复的 task 会加速系统资源的竞争，导致 Speculative Task 无法执行。所以启动一个 Speculative Task 需要在一个 Job 的所有 task 都启动完成之后才启动，并且针对那些运行时间比平均运行时间慢的任务。当一个 task 任务完成之后，任何正在运行的重复的任务都会停止。总体来讲，Speculative Task 是优化 MapReduce 计算过程的一个方法。

在 Hadoop 中启动 Speculative Task 的配置方法如下。

```
< property >
    < name > mapred. map. tasks. speculative. execution </name >
    < value > false </value >
</property >
< property >
    < name > mapred. reduce. tasks. speculative. execution </name >
    < value > false </value >
</property >
```

在实际中应该根据具体的情况选择是否需要启动 Speculative Task，因为启动 Speculative Task 是一种加剧资源消耗的过程，会造成系统的性能下降。使用 Speculative Task 的目的是缩短时间，但是以牺牲集群效率为代价。

10.3.6　任务容错

MapReduce 是一种通用的计算框架，有着非常健壮的容错机制，容错粒度包括 JobTracker、TaskTracker、Job、Task、Record 等级别。由于目前 Hadoop 还是单 Master 设计，在一个集群中只有一个 JobTracker，一旦 JobTracker 出现错误往往需要人工介入，但是用户可以通过一些参数进行控制，从而让所有作业恢复运行。TaskTracker 的容错则通过心跳检测、黑名单、灰名单机制对失效的 TaskTracker 节点进行及时处理达到容错效果。同时，Hadoop 还可以通过不同的参数配置来保证 Job、Task 以及 Record 等级别的容错。

用户的一个 MapReduce 作业往往是由很多任务组成的，只有所有的任务执行完毕才算是整个作业成功。对于任务的容错机制，MapReduce 采用最简单的方法进行处理，即"再执行"，也就是说对于失败的任务重新调度执行一次。一般有两种情况需要再执行。

第一种情况：如果是一个 Map 任务或 Reduce 任务失败了，那么调度器会将这个失败的任务分配到其他节点重新执行。

第二种情况：如果是一个节点死机了，那么在这台死机的节点上已经完成运行的 Map 任务及正在运行中的 Map 和 Reduce 任务都将被调度重新执行，同时在其他机器上正在运行的 Reduce 任务也将被重新执行，这是由于这些 Reduce 任务所需要的 Map 的中间结果数据因为那台失效的机器而丢失了。

10.4 应用案例

下面通过 WordCount、WordMean 等几个例子讲解 MapReduce 的实际应用,编程环境都是以 Hadoop MapReduce 为基础。

10.4.1 WordCount

WordCount 用于计算文件中每个单词出现的次数,非常适合采用 MapReduce 进行处理。处理单词计数问题的思路简单,在 Map 阶段处理每个文本 split 中的数据,产生 word,1 这样的键-值对;然后在 Reduce 阶段对相同的关键字求和,最后生成所有的单词计数。重要部分的伪代码如下,详细的可运行代码可以从 GitHub 上下载(https://github.com/alibook/alibook-bigdata.git)。

对应的 Map 端代码如下。

```
public static class TokenizerMapper
    extends Mapper < Object, Text, Text, IntWritable > {
            private final static IntWritable one = new IntWritable(1);
            private Text word = new Text();

            public void map(Object key, Text value, Context context)
        throws IOException, InterruptedException {
    StringTokenizer itr = new StringTokenizer(value.toString());
    while (itr.hasMoreTokens()) {
        word.set(itr.nextToken());
        context.write(word, one);
    }
    }
}
```

对应的 Reduce 端代码如下。

```
public static class IntSumReducer
    extends Reducer < Text, IntWritable, Text, IntWritable > {
            public void reduce(Text key, Iterable < IntWritable > values,
        Context context) throws IOException, InterruptedException{
    int sum = 0;
    for (IntWritable val : values) {
        sum += val.get();
    }

    context.write(key, new IntWritable(sum));
    }
}
```

在主函数中设置该 WordCount Job 的相关环境,包括输入和输出、Map 类和 Reduce 类,如下所示。

```
Configuration conf = new Configuration();
Job job = Job.getInstance(conf, "word count");

job.setJarByClass(WordCount.class);
job.setMapperClass(TokenizerMapper.class);
job.setReducerClass(IntSumReducer.class);
job.setCombinerClass(IntSumReducer.class);

job.setOutputKeyClass(Text.class);
job.setOutputValueClass(IntWritable.class);

FileInputFormat.addInputPath(job, new Path(args[0]));
FileOutputFormat.setOutputPath(job, new Path(args[1]));

System.exit(job.waitForCompletion(true) ? 0 : 1);
```

WordCount 运行示意图如图 10-5 所示。

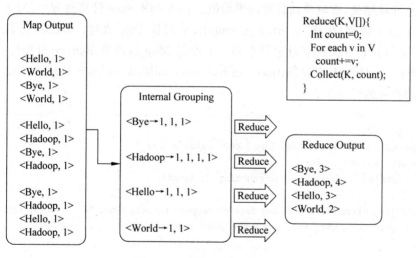

图 10-5　WordCount 运行过程

在终端环境中运行以下命令。

```
bin/hadoop jar /home/user/hadoop - 0.0.1.jar alibook.hadoop.WordCount /user/hadoop/input /
user/hadoop/output
```

如图 10-6 所示为 WordCount 运行结果,运行结果产生了一个 part-r-00000 文件,保存运算结果。

图 10-6　WordCount 运行结果

10.4.2　WordMean

下面对 WordCount 稍做修改,改成计算所有文件中单词的平均长度,单词长度的定义是单词的字符个数。现在 HDFS 集群中有大量的文件,需要统计所有文件中所出现单词的平均长度。

其处理也可以采用 MapReduce 方式,计算结果最后以 HDFS 文件的方式保存,保存内容格式为两行数据:第一行是 count,个数键-值对,为统计出现的所有单词个数;第二行是 length,总长度键-值对,为统计文件中所有的单词长度。然后从 HDFS 文件中读取 MapReduce 计算结果,求取单词长度的平均值。在 MapReduce 计算过程中,Map 阶段读取每个文件的 split 数据,生成 count,1 和 length,单词长度键-值对;Reduce 阶段对相同的 count 关键字和 length 关键字对进行求和。下面是 Map 过程和 Reduce 过程的代码,详细的代码可以从 GitHub 上下载(https://github.com/alibook/alibook-bigdata.git)。

Map 端对应的代码如下。

```
/**
 * Maps words from line of text into 2 key - value pairs;
 * one key - value pair for
 * counting the word, another for counting its length.
 */
public static class WordMeanMapper extends Mapper < Object, Text, Text, LongWritable > {
        private LongWritable wordlen = new LongWritable();

    /**
 * Emits 2 key - value pairs for counting the word and its
 * length. Outputs are (Text, LongWritable).
 *
 * @param value
 * This will be a line of text coming in from our input file.
 */
public void map(Object key, Text value, Context context)
            throws IOException, InterruptedException {
StringTokenizer iter = new StringTokenizer(value.toString());
        while (iter.hasMoreTokens()) {
```

```
                wordlen.set(iter.nextToken().length());
                context.write(LENGTH, wordlen);
                context.write(COUNT, ONE);
            }
        }
    }
```

Reduce 端对应的代码如下。

```
/**
 * Performs integer summation of all the values for each key.
 */
public static class WordMeanReducer extends Reducer<Text, LongWritable, Text, LongWritable> {
    private LongWritable sum = new LongWritable(0);

    /**
     * Sums all the individual values within the iterator and writes
     * them to the same key.
     *
     * @param key
     * This will be one of 2 constants: LENGTH_STR or COUNT_STR.
     * @param values
     * This will be an iterator of all the values associated with that
     * key.
     */
    public void reduce(Text key, Iterable<LongWritable> values, Context context)
        throws IOException, InterruptedException {
            int theSum = 0;
            for (LongWritable value : values) {
                theSum += value.get();
            }
            sum.set(theSum);
            context.write(key, sum);
        }
}
```

在终端运行如下命令：

```
bin/hadoop jar /home/user/wordmean - 0.0.1.jar \ alibook.wordmean.WordMean /user/hadoop/
input \ /user/hadoop/wordmeanoutput
```

上述命令表示在文件中计算单词的平均长度，计算结果输出到/user/hadoop/
wordmeanoutput 中。在该实验中采用和 WordCount 同样的实验数据，运行结果如下所示。

```
The mean length is: 8.360264105642257
```

10. 4. 3　Grep

还是进行大规模文本中单词的相关操作,现在希望提供类似 Linux 系统中 Grep 命令的功能,找出匹配目标串的所有文件,并统计出每个文件中出现目标字符串的个数。

仍然采用 MapReduce 的计算方法提取出匹配目标字符串的所有文件。思路很简单,在 Map 阶段根据提供的文件 split 信息、给定的每个字符串输出 filename,1 这样的键-值对信息;然后在 Reduce 阶段根据 filename 对 Map 阶段产生的结果进行合并,最后得出匹配目标串的所有文件 grep 信息。

下面是对应的 Map 端和 Reduce 端代码,详细的可运行代码从 GitHub 上下载 (https://github. com/alibook/alibook-bigdata. git)。

Map 端代码如下。

```java
public static class GrepMapper extends Mapper < Object, Text, Text, IntWritable > {

    public void map(Object obj, Text text, Context context)
                    throws IOException, InterruptedException {
    String pattern = context.getConfiguration().get("grep");

    String str = text.toString();
    Pattern r = Pattern.compile(pattern);
    Matcher matcher = r.matcher(str);

    while (matcher.find()) {
        FileSplit split = (FileSplit)context.getInputSplit();
    String filename = split.getPath().getName();

    context.write(new Text(filename), new IntWritable(1));
    }
  }
}
```

Reduce 端代码如下。

```java
public static class GrepReducer extends Reducer < Text, IntWritable, Text, IntWritable > {

  public void reduce(Text text, Iterable < IntWritable > values, Context context)
      throws IOException, InterruptedException{
    int sum = 0;
    Iterator < IntWritable > iterator = values.iterator();
    while (iterator.hasNext()) {
        sum += iterator.next().get();
    }

    context.write(text, new IntWritable(sum));
    }
}
```

在终端运行如下命令：

```
bin/hadoop jar /home/user/grep - 0.0.1.jar alibook.grep.Grep hadoop /user/hadoop/input /
user/hadoop/grepoutput
```

上述命令是在所有输入文件中找出匹配 Hadoop 字符串的所有文件，并将计算结果输出到/user/hadoop/grepoutput 目录中。

该命令的运行结果如图 10-7 所示。

```
capacity-scheduler.xml  1
core-site.xml   6
hadoop-env.cmd  5
hadoop-env.sh   7
hadoop-metrics.properties       20
hadoop-metrics2.properties      6
hdfs-site.xml   4
httpfs-log4j.properties 2
httpfs-signature.secret 1
kms-acls.xml    9
kms-log4j.properties    2
kms-site.xml    19
log4j.properties        82
mapred-env.sh   1
yarn-env.cmd    5
yarn-env.sh     4
yarn-site.xml   1
```

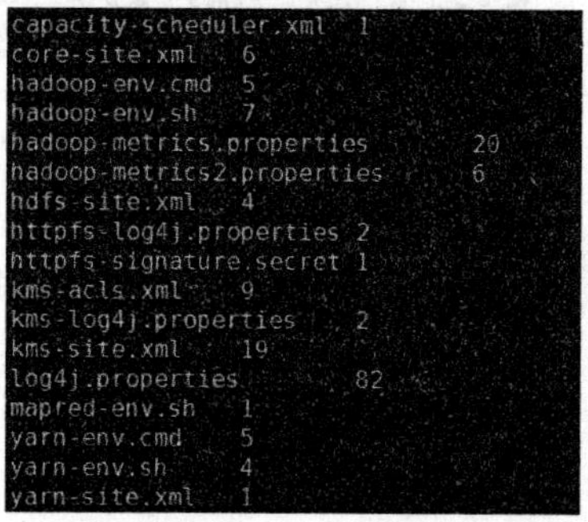

图 10-7 Grep 运行结果

10.5 MapReduce 的缺陷与不足

MapReduce 是一种离线处理框架，比较适合大规模的离线数据处理。在实际的工作环境中，MapReduce 这套分布式处理框架常用于分布式 Grep、分布式排序、Web 访问日志分析、反向索引构建、文档聚类、机器学习、数据分析、基于统计的机器翻译和生成整个搜索引擎的索引等大规模数据处理工作。但是 MapReduce 在实时处理性能方面比较薄弱，不适合处理事务或者单一处理请求。

习题

1. 简述 MapReduce 架构。
2. 简述 MapReduce 与网格计算、高性能计算之间的区别。
3. 简述 MapReduce 中的 Shuffle 过程。
4. 在 MapReduce 中为什么需要建立 Speculative Task？会带来哪些问题？
5. 简述 MapReduce 的不足。

第 11 章

Spark解析

11.1 Spark RDD

Spark 是一个高性能的内存分布式计算框架,具备可扩展性、任务容错等特性。每个 Spark 应用都是由一个 driver program 构成,该程序运行用户的 main 函数,同时在一个集群中的节点上运行多个并行操作。Spark 提供的一个主要抽象就是 RDD(Resilient Distributed Datasets),这是一个分布在集群中多节点上的数据集合,利用内存和磁盘作为存储介质,其中,内存为主要数据存储对象,支持对该数据集合的并发操作。用户可以使用 HDFS 中的一个文件来创建一个 RDD,可以控制 RDD 存放于内存中还是存储于磁盘等永久性存储介质中。

RDD 的设计目标是针对迭代式机器学习。由于迭代式机器学习本身的特点,每个 RDD 是只读的、不可更改的。根据记录的操作信息,丢失的 RDD 数据信息可以从上游的 RDD 或者其他数据集 Datasets 创建,因此 RDD 提供容错功能。

有两种方式创建一个 RDD:在 driver program 中并行化一个当前的数据集合;或者利用一个外部存储系统中的数据集合创建,比如共享文件系统 HDFS,或者 HBase,或者其他任何提供了 Hadoop InputFormat 格式的外部数据存储。

1. 并行化数据集合

并行化数据集合(Parallelized Collection)可以在 driver program 中调用 JavaSparkContext's parallelize 方法创建,复制集合中的元素到集群中形成一个分布式的数据集 Distributed Datasets。以下是一个创建并行化数据集合的例子,包含数字 1~5:

```
List < Integer > data = Arrays.asList(1, 2, 3, 4, 5);
JavaRDD < Integer > distData = sc.parallelize(data);
```

一旦上述的 RDD 创建,分布式数据集 RDD 就可以并行操作了。例如,可以调用 distData. reduce((a, b) — a + b)对列表中的所有元素求和。

2. 外部数据集

Spark 可以从任何 Hadoop 支持的外部数据源创建 RDD,包括本地文件系统、HDFS、Cassandra、HBase、Amazon S3 等。以下是从一个文本文件中创建 RDD 的例子。

```
JavaRDD < String > distFile = sc.textFile("data.txt");
```

一旦创建,distFile 就可以执行所有的数据集操作。

RDD 支持多种操作,分为下面两种类型。

(1) transformation。其用于从以前的数据集中创建一个新的数据集。

(2) action。其返回一个计算结果给 driver program。

在 Spark 中所有的 transformation 都是懒惰的(lazy),因为 Spark 并不会立即计算结果,Spark 仅记录所有对 file 文件的 transformation。以下是一个简单的 transformation 的例子。

```
JavaRDD < String > lines = sc.textFile("data.txt");
JavaRDD < Integer > lineLengths = lines.map(s -> s.length());
int totalLength = lineLengths.reduce((a, b) -> a + b);
```

利用文本文件 data. txt 创建一个 RDD,然后利用 lines 执行 Map 操作,这里 lines 其实是一个指针,Map 操作计算每个 string 的长度,最后执行 reduce action,这时返回整个文件的长度给 driver program。

11.2 Spark 与 MapReduce 对比

Spark 作为新一代的大数据计算框架,针对的是迭代式计算、实时数据处理,要求处理的时间更少。与 MapReduce 对比整体反映如下。

(1) 在中间计算结果方面。Spark 要求计算结果快速返回,处理任务低延迟,因此 Spark 基本把数据存放在内存中,只有在内存资源不够的时候才写到磁盘等存储介质中,同时用户可以指定数据是否缓存在内存中;而 MapReduce 计算过程中 Map 任务产生的计算结果存放到本地磁盘中,由后面需要计算的 Reduce 任务获取。

(2) 在计算模型方面。Spark 采用 DAG 描述计算任务,所有的 RDD 操作最后都采用 DAG 描述,然后优化分发到各个计算节点上运行,因此 Spark 拥有更丰富的功能;MapReduce 则只采用 Map()和 Reduce()两个函数,计算功能比较简单。

(3) 在计算速度方面。Spark 采用内存作为计算结果主要存储介质,而 MapReduce 采用本地磁盘作为中间结果存储介质,因此 Spark 的计算速度更快。

(4) 在容错方面。Spark 采用了和 MapReduce 类似的方式,针对丢失和无法引用的 RDD,Spark 采用利用记录的 transformation,采取重新做已做过的 transformation。

（5）在计算成本方面。Spark 是把 RDD 主要存放在内存存储介质中，如果需要快速地处理大规模数据，则需要提供高容量的内存；而 MapReduce 是面向磁盘的分布式计算框架，因此在成本考虑方面，Spark 的计算成本高于 MapReduce 计算框架。

（6）在简单易管理方面。目前，Spark 也在同一个集群上运行流处理、批处理和机器学习，同时 Spark 也可以管理不同类型的负载。这些都是 MapReduce 做不到的。

11.3　Spark 工作机制

下面开始深入探讨 Spark 的内部工作原理，具体包括 Spark 运行的 DAG、Partition、容错机制、缓存管理以及数据持久化。

11.3.1　DAG 工作图

应用程序提交给 Spark 运行，通过生成 RDD DAG 的方式描述 Spark 应用程序的逻辑。

DAG 是有向无环图，是图论里面的概念，可以用图 $G=V,E$ 来描述，E 中的边都是有向边，顶点之间构成依赖关系，并且不能形成环路。当用户运行 action 操作的时候，Spark 调度器检查 RDD 的 lineage 图，生成一个 DAG，最后根据这个 DAG 来分配任务执行。

为了 Spark 更加高效地调度和计算，RDD DAG 中还包括宽依赖和窄依赖。窄依赖是父节点 RDD 中的分区最多只被子节点 RDD 中的一个分区使用；而宽依赖是父节点 RDD 中的分区被子节点 RDD 中的多个子分区使用，如图 11-1 所示。

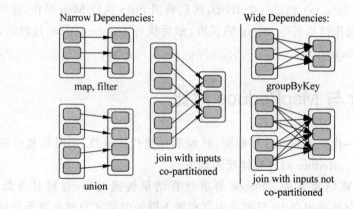

图 11-1　窄依赖和宽依赖

如图 11-1 描述，map 建立的 RDD 中的每个分区 Partition 只被子节点 filter RDD 中的一个子分区使用，所以是窄依赖；而 groupByKey 建立的 RDD 多个子分区 Partition 引用一个父节点 RDD 中的分区。

如图 11-2 所示为 Spark 集群中一个应用程序的执行，生成了一个 DAG。

Spark 调度器根据 RDD 中的宽依赖和窄依赖形成 stage 的 DAG，如图 11-2 所示。每个 stage 是包含尽可能多的窄依赖的流水线 transformation。

采用 DAG 方式描述运行逻辑，可以描述更加复杂的运算功能，也有利于 Spark 调度器调度。

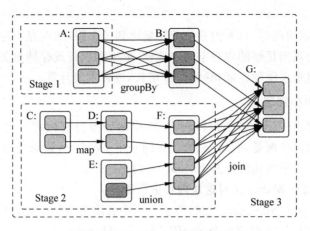

图 11-2 Spark 应用程序执行

11.3.2 Partition

Spark 执行每次操作 transformation 都会产生一个新的 RDD，每个 RDD 是 Partition 分区的集合。在 Spark 中，操作的粒度是 Partition 分区，所有针对 RDD 的 map、filter 等操作，最后都转换成对 Partition 的操作，每个 Partition 对应一个 Spark task。

当前支持的分区方式有 hash 分区和范围(range)分区。

11.3.3 Lineage 容错方法

在容错方面有多种方式，包括数据复制以及记录修改日志。但是由于 Spark 采用 DAG 描述 driver program 的运算逻辑，因此 Spark RDD 采用一种称为 Lineage 的容错方法。

RDD 本身是一个不可更改的数据集，Spark 根据 transformation 和 action 构建它的操作图 DAG，因此当执行任务的 Worker 失败时完全可以通过操作图 DAG 获得之前执行的操作，进行重新计算。由于无须采用 replication 方式支持容错，很好地降低了跨网络的数据传输成本。

不过，在某些场景下 Spark 也需要利用记录日志的方式来支持容错。针对 RDD 的 wide dependency，最有效的容错方式同样是采用 checkpoint 机制。当前，Spark 并没有引入 auto checkpointing 机制。

11.3.4 内存管理

旧版本 Spark(1.6 之前)的内存空间被分成了三块独立的区域，每块区域的内存容量是按照 JVM 堆大小的固定比例进行分配的。

(1) Execution。在执行 shuffle、join、sort 和 aggregation 时，Execution 用于缓存中间数据，通过 spark.shuffle.memoryFraction 进行配置，默认为 0.2。

(2) Storage。Storage 主要用于缓存数据块以提高性能，同时也用于连续不断地广播或发送大的任务结果，通过 spark.storage.memoryFraction 进行配置，默认为 0.6。

(3) Other。这部分内存用于存储运行 Spark 系统本身需要加载的代码与元数据，默认为 0.2。

无论是哪个区域的内存,只要内存的使用量达到了上限,则内存中存储的数据就会被放入到硬盘中,从而清理出足够的内存空间。这样,由于和执行或存储相关的数据在内存中不存在,就会影响到整个系统的性能,导致 I/O 增长,或者重复计算。

1. Execution 内存管理

Execution 内存进一步为多个运行在 JVM 中的任务分配内存。与整个内存分配的方式不同,这块内存的再分配是动态分配的。在同一个 JVM 下,如果当前仅有一个任务正在执行,则它可以使用当前可用的所有 Execution 内存。

Spark 提供了以下 Manager 对这块内存进行管理。

(1) ShuffleMemoryManager。它扮演了一个中央决策者的角色,负责决定分配多少内存给哪些任务。一个 JVM 对应一个 ShuffleMemoryManager。

(2) TaskMemoryManager。它记录和管理每个任务的内存分配,实现为一个 page table,用于跟踪堆(heap)中的块,侦测异常抛出时可能导致的内存泄露。在其内部调用了 ExecutorMemoryManager 去执行实际的内存分配与内存释放。一个任务对应一个 TaskMemoryManager。

(3) ExecutorMemoryManager。其用于处理 on-heap 和 off-heap 的分配,实现为弱引用的池允许被释放的 page 可以被跨任务重用。一个 JVM 对应一个 ExecutorMemeoryManager。

内存管理的执行流程大致如下。

当一个任务需要分配一块大容量的内存用于存储数据时,首先会请求 ShuffleMemoryManager,告知"我想要 X 个字节的内存空间"。如果请求可以被满足,则任务就会要求 TaskMemoryManager 分配 X 个字节的空间。一旦 TaskMemoryManager 更新了它内部的 page table,就会要求 ExecutorMemoryManager 去执行内存空间的实际分配。

这里有一个内存分配的策略。假定当前的 active task 数据为 N,那么每个任务可以从 ShuffleMemoryManager 处获得多达 $1/N$ 的执行内存。分配内存的请求并不能完全得到保证,例如内存不足,这时任务就会将它自身的内存数据释放。根据操作的不同,任务可能重新发出请求,又或者尝试申请小一点儿的内存块。

2. Storage 的存储管理

Storage 内存由更加通用的 BlockManager 管理。如前所说,Storage 内存的主要功能是用于缓存 RDD Partitions,也用于将容量大的任务结果传播和发送给 driver。

Spark 提供了 Storage Level 来指定块的存放位置:Memory、Disk 或者 Off-Heap。Storage Level 还可以指定存储时是否按照序列化的格式。当 Storage Level 被设置为 MEMORY_AND_DISK_SER 时,内存中的数据以字节数组(byte array)形式存储,当这些数据被存储到硬盘中时,不再需要进行序列化。若设置为该 Level,则 evict 数据会更加高效。

到了 1.6 版本,Execution Memory 和 Storage Memory 之间支持跨界使用。当执行内存不够时可以借用存储内存,反之亦然。

11.3.5　数据持久化

Spark 最重要的一个功能是它可以通过各种操作（operation）持久化（或者缓存）一个集合到内存中。当用户持久化一个 RDD 的时候，每一个节点都将参与计算的所有分区数据存储到内存中，并且这些数据可以被这个集合（以及这个集合衍生的其他集合）的动作（action）重复利用。这个能力使后续的动作速度更快（通常快 10 倍以上）。对应迭代算法和快速的交互使用来说，缓存是一个关键的工具。

用户能通过 persist()或者 cache()方法持久化一个 RDD。首先在 action 中计算得到 RDD；然后将其保存在每个节点的内存中。Spark 的缓存是一个容错的技术，如果 RDD 的任何一个分区丢失，它可以通过原有的转换（transformation）操作自动地重复计算并且创建出这个分区。

此外，用户可以利用不同的存储级别存储每一个被持久化的 RDD。

11.4　数据读取

Spark 支持多种外部数据源来创建 RDD，Hadoop 支持的所有格式 Spark 都支持。

11.4.1　HDFS

HDFS 是一个分布式文件系统，其目标就是运行在廉价的服务器上。HDFS 和 Hadoop MapReduce 构成了一整套的运行环境。Spark 可以很好地支持 HDFS。在 Spark 下要使用 HDFS 集群中的文件需要更改对应的配置文件，把 Hadoop 中的 hdfs-site.xml 和 core-site.xml 复制到 Spark 的 conf 目录下，这样就可以像使用普通的本地文件系统中的文件一样使用 HDFS 中的文件了。

11.4.2　Amazon S3

Amazon S3 提供了对象存储服务，目前使用广泛。Spark 提供了针对 S3 的文件输入服务支持。为了可以在 Spark 应用中读取和存储数据到 S3 中，可以使用 Hadoop 文件 API （SparkContext.hadoopFile、JavaHadoopRDD.saveAsHadoopFile、SparkContext.newAPIHadoopRDD 和 JavaHadoopRDD.saveAsNewAPIHadoopFile）来读和写 RDD。用户可以采用以下方式来做 Word Count 应用：

```scala
scala> val sonnets = sc.textFile("s3a://s3-to-ec2/sonnets.txt")
scala> val counts = sonnets.flatMap(line => line.split(" ")).map(word => (word, 1)).
reduceByKey(_ + _)
scala> counts.saveAsTextFile("s3a://s3-to-ec2/output")
```

11.4.3　HBase

HBase 是一个列数据库，一种 NoSQL，支持 CRUD 操作，具有高容错性、高可用性、高可扩展性以及高吞吐量等特点。Spark 也支持 HBase 的读取和写入操作。在采用 Spark 写入到 HBase 的过程中需要用到 PairRDDFunctions. saveAsHadoopDataset；在采用 Spark 读取 HBase 中的数据的时候需要用到使用 SparkContext 提供的 newAPIHadoopRDDAPI 将表的内容以 RDDs 的形式加载到 Spark 中。

11.5　应用案例

11.5.1　日志挖掘

采用 Spark 针对日志文件进行数据分析。根据 Tomcat 日志计算 URL 访问情况。区别于统计 GET 和 POST URL 访问量，其要求输出结果（访问方式、URL、访问量）。以下是简单的测试数据集样例。

```
196.168.2.1 - - [03/Jul/2014:23:57:42 + 0800] "GET /html/notes/20140620/872.html HTTP/
1.0" 200 52373 0.034
196.168.2.1 - - [03/Jul/2014:23:58:17 + 0800] "POST /service/notes/addViewTimes_900.htm
HTTP/1.0" 200 2 0.003
196.168.2.1 - - [03/Jul/2014:23:58:51 + 0800] "GET /html/notes/20140617/888.html HTTP/
1.0" 200 70044 0.057
```

为了达到对应的日志分析结果，编写以下 Spark 代码。

```
//textFile() 加载数据
val data = sc.textFile("/spark/seven.txt")

//filter 过滤长度小于 0, 过滤不包含 GET 与 POST 的 URL
val filtered = data.filter(_.length()>0).filter( line => (line.indexOf("GET")>0 || line.
indexOf("POST")>0) )

//转换成键值对操作
val res = filtered.map( line => {
if(line.indexOf("GET")>0){                        //截取 GET 到 URL 的字符串
(line.substring(line.indexOf("GET"),line.indexOf("HTTP/1.0")).trim,1)
}else{                                            //截取 POST 到 URL 的字符串
(line.substring(line.indexOf("POST"),line.indexOf("HTTP/1.0")).trim,1)
}//最后通过 reduceByKey 求 sum
}).reduceByKey(_ + _)

//触发 action 事件执行
res.collect()
```

运行结果输出样例如下。

```
(POST /service/notes/addViewTimes_779.htm,1),
(GET /service/notes/addViewTimes_900.htm,1),
(POST /service/notes/addViewTimes_900.htm,1),
(GET /notes/index-top-3.htm,1),
(GET /html/notes/20140318/24.html,1),
(GET /html/notes/20140609/544.html,1),
(POST /service/notes/addViewTimes_542.htm,2)
```

11.5.2 判别西瓜好坏

西瓜是一种人们都很喜欢的水果,是盛夏季节的一种解暑物品。西瓜分为好瓜和坏瓜,我们都希望购买到的西瓜是好的。这里给出判断西瓜好坏的两个特征,一个特征是西瓜的糖度,另外一个特征是西瓜的密度,这两个数值都是0~1的小数。每个西瓜的好坏用数值来表示,1表示好瓜,0表示坏瓜。基于西瓜的测试数据集来判断西瓜的好坏。

Spark 中提供了 MLib 机器学习库,使用 MLib 机器学习库中提供的例子,采用 GBT 模型,训练参数,最后利用训练集测试 GBT 模型的好坏,判断西瓜的准确度。

详细的代码可以从 GitHub 上下载(https://github.com/alibook/alibook-bigdata.git),下面是利用 Spark GBT 模型的代码。

```
object SparkGBT {
  def main (args: Array[String]) {
    if (args.length < 0) {
      println("Usage:FilePath")
      sys.exit(1)
    }
    //Initialization
val conf = new SparkConf().setAppName("Spark MLlib Exercise: GradientBoostedTree")
    val sc = new SparkContext(conf)

    // Load and parse the data file.
val data = MLUtils.loadLibSVMFile(sc, "/home/user/workplace/scala_GBT/GBT_data.txt")
// Split the data into training and test sets (30% held out for testing)
    val splits = data.randomSplit(Array(0.7, 0.3))
    val (trainingData, testData) = (splits(0), splits(1))

    // Train a GradientBoostedTrees model.
    // The defaultParams for Classification use LogLoss by default.
val boostingStrategy = BoostingStrategy.defaultParams("Classification")
boostingStrategy.numIterations = 10 // Note: Use more iterations in ↙// practice.
    boostingStrategy.treeStrategy.numClasses = 2
    boostingStrategy.treeStrategy.maxDepth = 3
// Empty categoricalFeaturesInfo indicates all features are //continuous.
boostingStrategy.treeStrategy.categoricalFeaturesInfo = Map[Int, Int]()

val model = GradientBoostedTrees.train(trainingData, boostingStrategy)

    // Evaluate model on test instances and compute test error
```

```
        val labelAndPreds = testData.map { point =>
         val prediction = model.predict(point.features)
         (point.label, prediction)
        }
   val testErr = labelAndPreds.filter(r => r._1 != r._2).count.toDouble / testData.count()
        println("Test Error = " + testErr)
    println("Learned classification GBT model:\n" + model.toDebugString)
        labelAndPreds.collect().foreach(x =>
      println("Lable and Prediction: " + x._1.toString + " " + x._2.toString))
   trainingData.saveAsTextFile("/home/user/workplace/scala_GBT/trainingData")
    testData.saveAsTextFile("/home/user /workplace/scala_GBT/testDat a")
        }
    }
```

在终端上运行以下命令，在具体的环境中需要修改对应的文件路径名字。

```
build.sbt                        // 设置好 sbt
sbt package exit                 //运用 sbt 将文件打包
spark - 2.0.0 - bin - hadoop2.6/bin/spark - submit -- master local -- class SparkClustering
    target/scala - 2.11/sparkclustering_2.11 - 1.0.jar
    /home/user/workplace/scala_Clustering/cluster
// 最后提交到 spark 集群上运行
```

测试结果及运行如图 11-3 和图 11-4 所示。

```
Test Error = 0.2
Learned classification GBT model:
TreeEnsembleModel classifier with 10 trees
```

图 11-3　GBT 测试结果

```
Lable and Prediction: 0.0 0.0
Lable and Prediction: 1.0 0.0
Lable and Prediction: 0.0 0.0
Lable and Prediction: 0.0 0.0
Lable and Prediction: 0.0 0.0
Lable and Prediction: 0.0 1.0
Lable and Prediction: 0.0 0.0
Lable and Prediction: 0.0 0.0
Lable and Prediction: 0.0 0.0
Lable and Prediction: 1.0 0.0
Lable and Prediction: 0.0 0.0
Lable and Prediction: 1.0 0.0
Lable and Prediction: 1.0 1.0
Lable and Prediction: 0.0 0.0
Lable and Prediction: 1.0 0.0
Lable and Prediction: 0.0 0.0
Lable and Prediction: 1.0 1.0
Lable and Prediction: 0.0 1.0
Lable and Prediction: 1.0 1.0
Lable and Prediction: 1.0 1.0
Lable and Prediction: 1.0 1.0
Lable and Prediction: 1.0 1.0
Lable and Prediction: 1.0 1.0
```

图 11-4　GBT 运行数据

11.6   Spark 发展趋势

Spark 诞生于伯克利 AMP 实验室,起初是一个研究性质的项目,目标是为迭代式机器学习提供帮助。随着 Spark 的开源,因为其采用内存存储,计算速度比 MapReduce 更快,而且 Spark 简单、易用,受到了众多人的关注和喜爱。目前 Apache Spark 社区非常活跃,并且以 Spark RDD 为核心,逐步形成了 Spark 的生态圈,包括 Spark SQL、Spark Streaming、Spark MLib 等众多上层数据分析工具以及实时处理框架。

目前,Spark 已经在国内外各大公司使用,包括 eBay、Yahoo!、IBM、阿里、百度、腾讯等众多公司。实践表明,Spark 性能优越,各大公司在 Spark 上的投入也比较大,因此 Spark 生态也在不断完善,不断有新的 Spark 生态圈中的框架出现,包括 Tachyon 分布式内存文件系统、SparkR 统计框架。

习题

1. 什么是 Spark RDD? 简要介绍 RDD 的创建方法。
2. 什么是 DAG? Spark 的 DAG 如何生成?
3. 简述 Spark RDD 的容错方法。
4. 简述 Spark 的内存管理的工作原理。
5. 什么是 Spark 的分区 Partition?

第**12**章

流 计 算

12.1 流计算概述

在传统的数据处理流程中,总是先收集数据,然后将数据放到 DB 中。当人们需要的时候通过 DB 对数据做查询,得到答案或进行相关的处理。这样看起来虽然非常合理,但是结果却不理想,尤其是对一些实时搜索应用环境中的某些具体问题,采用类似于 MapReduce 方式的离线处理并不能很好地解决问题,这就引出了一种新的数据计算结构——流计算方式。它可以很好地对大规模流动数据在不断变化的运动过程中实时地进行分析,捕捉到可能有用的信息,并把结果发送到下一计算节点。

比较早期的代表系统有 IBM 公司的 System S,它是一个完整的计算架构,通过 Stream Computing 技术可以对 stream 形式的数据进行实时的分析。最初的系统拥有大约八百个微处理器,但 IBM 称,根据需求,这个数字也有可能上万。研究者讲到,其中最关键的部分是 System S 软件,它可以将任务分开,比如分为图像识别和文本识别,然后将处理后的结果碎片组成完整的答案。IBM 实验室的高性能流运算项目的负责人 Nagui Halim 谈道:System S 是一个全新的运算模式,它的灵活性和速度颇具优势。与传统系统相比,它的方式更加智能化,可以适当转变,以适用于需要解决的问题。

目前流式计算是业界研究的一个热点,最近 Twitter、LinkedIn 等公司相继开源了流式计算系统 Storm、Kafka 等,Twitter 最近又公布了新的流式计算框架 Hron,加上 Yahoo! 之前开源的 S4,流式计算研究在互联网领域持续升温。不过,流式计算并非是最近几年才开始研究,传统行业(像金融领域等)很早就已经在使用流式计算系统,比较知名的有 StreamBase、Borealis 等。

12.2 流计算与批处理系统对比

流计算侧重于实时计算方面,而批处理系统侧重于离线数据处理方面;一个追求的是低延迟,另外一个追求的是高吞吐量;处理的数据也不同,流计算处理的数据经常不断变化,而离线处理的数据是静态数据,输出形式也不同。总体来讲,两者的区别体现在以下几个方面。

(1) 系统的输入包括两类数据,即实时的流式数据和静态的离线数据。其中,流式数据是前端设备实时发送的识别数据、GPS 数据等,是通过消息中间件实现的事件触发推送至系统的。离线数据是应用需要用到的基础数据(提前梳理好的)等关系数据库中的离线数据,是通过数据库读取接口获取而批量处理的系统。

(2) 系统的输出也包括流式数据和离线数据。其中,流式数据是写入消息中间件的指定数据队列缓存,可以被异步推送至其他业务系统。离线数据是计算结果,直接通过接口写入业务系统的关系型数据库。

(3) 业务的计算结果输出方式是通过两个条件决定的。一是结果产生的频率。若计算结果产生的频率可能会较高,则结果以流式数据的形式写入消息中间件(比如要实时监控该客户所拥有的标签,也就是说要以极高的速度被返回,这类结果以流式数据形式被写入消息中间件)。这是因为数据库的吞吐量很可能无法适应高速数据的存取需求。二是结果需要写入的数据库表规模。若需要插入结果的数据表已经很庞大,则结果以流式数据的形式写入消息中间件,待应用层程序实现相关队列数据的定期或定量的批量数据库转储(比如宽表异常庞大,每次查询数据库都会有很高的延迟,那么就将结果信息暂时存入中间件层,在晚些时候再定时或定量地进行批量数据库转储)。这是因为大数据表的读取和写入操作对毫秒级别的响应时间仍然无能为力。若对以上两个条件均无要求,结果可以直接写入数据库的相应表中。

12.3 Storm 流计算系统

Storm 是一个 Twitter 开源的分布式、高容错的实时计算系统。Storm 令持续不断的流计算变得容易,弥补了 Hadoop 批处理不能满足的实时要求。Storm 经常用于实时分析、在线机器学习、持续计算、分布式远程调用和 ETL 等领域。Storm 的部署管理非常简单,而且在同类的流式计算工具中 Storm 的性能也是非常出众的。

Storm 主要分为 Nimbus 和 Supervisor 两种组件。这两种组件都是快速失败的,没有状态。任务状态和心跳信息等都保存在 ZooKeeper 上,提交的代码资源都在本地机器的硬盘上。

(1) Nimbus 负责在集群里面发送代码,分配工作给机器,并且监控状态。全局只有一个。

(2) Supervisor 会监听分配给它那台机器的工作,根据需要启动/关闭工作进程Worker。每一个要运行 Storm 的机器上都要部署一个,并且按照机器的配置设定上面分配的槽位数。

（3）ZooKeeper 是 Storm 重点依赖的外部资源。Nimbus 和 Supervisor 甚至实际运行的 Worker 都是把心跳信息保存在 ZooKeeper 上。Nimbus 也是根据 ZooKeeper 上的心跳信息和任务运行状况进行调度和任务分配的。

（4）Storm 提交运行的程序称为 Topology。

（5）Topology 处理的最小消息单位是一个 Tuple，也就是一个任意对象的数组。

（6）Topology 由 Spout 和 Bolt 构成。Spout 是发出 Tuple 的节点。Bolt 可以随意订阅某个 Spout 或者 Bolt 发出的 Tuple。Spout 和 Bolt 统称为 Component。

图 12-1 是一个 Topology 设计的逻辑视图，图 12-2 是 Storm 集群架构。

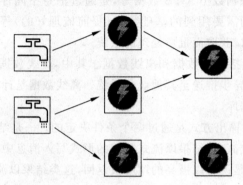

图 12-1　Topology 设计的逻辑图

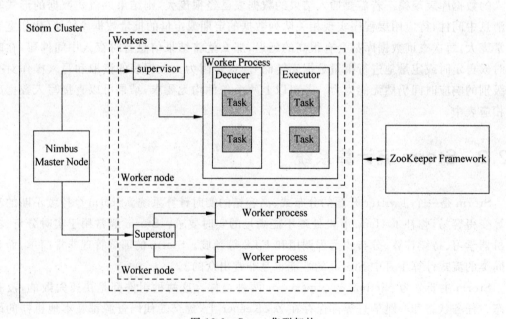

图 12-2　Storm 集群架构

图 12-3 所示为 Storm 工作流。

整体的 Storm 工作流步骤如下。

（1）在初始情况下，Nimbus 等待客户端提交 Storm Topology。

（2）一旦一个 Topology 提交后，Nimbus 将会处理这个 Topology，安排将要执行的所

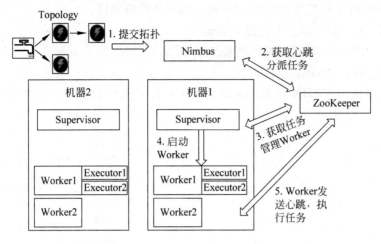

图 12-3　Storm 工作流

有任务。

（3）一旦所有的工作节点的信息都收集完成，Nimbus 将分发所有的任务到各个计算节点上。

（4）在一定的时间间隔内，所有的 Supervisor 都会发送心跳信息给 Nimbus，告诉 Nimbus 该 Supervisor 正常运行。

（5）当 Supervisor 失效时，没有发送心跳信息给 Nimbus，此时 Nimbus 会把任务赋给其他 Supervisor。

（6）当 Nimbus 失效的时候，Supervisor 会正常运行以前赋给该 Supervisor 的任务。

（7）一旦所有的任务都完成，Supervisor 会等一个新的任务发送过来。

（8）重新启动的 Nimbus 从它失效的那个地方继续启动。类似地，重新启动的 Supervisor 也是从它停止的地方继续启动。Storm 确保所有的任务至少执行一次。

（9）当所有 Topology 都完成的时候，Nimbus 等待新的 Topology 到达；同理，Supervisor 也是类似。

12.4　Samza 流计算系统

Apache Samza 是一个分布式流处理框架。它使用 Apache Kafka 用于消息发送，采用 Apache Hadoop YARN 来提供容错，处理器隔离，安全性和资源管理，专用于实时数据的处理，非常像 Twitter 的流处理系统 Storm。Samza 非常适用于实时流数据处理的业务（如同 Apache Storm），如数据跟踪、日志服务、实时服务等应用，它能够帮助开发者进行高速消息处理，同时还具有良好的容错能力。在 Samza 流数据处理过程中，每个 Kafka 集群都与一个能运行 Yarn 的集群相连并处理 Samza 作业。

Samza 由以下三层构成。

（1）数据流层；

（2）执行层；

（3）处理层。

整体的 Samza 架构是通过如图 12-4 所示的三个模块完成。

(1)数据流：分布式消息中间件 Kafka。

(2)执行：Hadoop 资源调度管理系统 YARN。

(3)处理：Samza API。

Samza 通过使用 YARN 和 Kafka 提供一个阶段性的流处理和分区的框架,如图 12-5 所示,

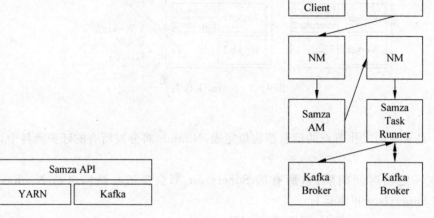

图 12-4　Samza 的功能模块　　　　图 12-5　Samza、YARN 和 Kafka 模块之间互动

Samza 的客户端使用 YARN 来运行一个 Samza 任务(Job)：YARN 启动并且监控一个或者多个 Samza Container,同时用户的处理逻辑代码(使用 StreamTask API)在这些容器里运行。这些 Samza 流任务的输入和输出都来自 Kafka 的 Broker(通常它们是作为 YARN NM 位于同台机器)。

进一步来说,第一个任务是分组工作通过将带有相同 userid 的消息发送到一个中间话题的相同分区里,用户可以通过使用第一个 Job 发射的消息里的 userid 作为 key 来实现,并且这个 key 被映射到这个中间话题的分区(通常会取 key 对分区数目取余)。第二个任务处理中间话题产生的消息。在第二个任务里每个任务都会处理中间话题的一个分区。在对应分区中任务会针对每一个 userid 做一个计数器,并且每次任务接收带着一个特定 userid 的消息时对应的计数器自增 1。

Kafka 接收到第一个 Job 发送的消息把它们缓冲到硬盘,并且分布在多台机器上。这有助于系统的容错性提升：如果一台机器挂了,没有消息会被丢失,因为它们被存在其他机器里。并且如果第二个 Job 因为某些原因消费消息的速度慢下来或者停止,第一个任务也不会受到影响：磁盘缓冲可以积累消息直到第二个任务快起来。

通过对 topic 分区,将数据流处理拆解到任务中以及在多台机器上并行执行任务,使得 Samza 具有很高的消息吞吐量。通过结合 YARN 和 Kafka,Samza 实现了高容错：如果一个进程或者机器失败,它会自动在另一台机器上重启并且继续从消息终端的地方开始处理,这些都是自动化的。

12.5 集群日志文件实时分析

流计算适用于大规模实时计算分析，使用的生产环境包括股票市场分析、证券、传感器数据分析等，也可以用于实时分析当前系统的运行状态。目前分布式系统在各大生产系统中广泛使用，监控这些分布式系统产生的日志，进而分析这些系统的运行状态，判断集群运行是否正常，采用流计算框架实时分析分布式系统产生的日志。

下面以分析 HDFS 集群运行状态来简单说明流式计算框架的使用。HDFS 集群由三个部分组成，即 NameNode、DataNode 和 SecondaryNameNode。NameNode 保存所有的元数据信息，以及管理所有的 DataNode，一个健康和正常运行的 NameNode 节点对于一个正常的 HDFS 集群至关重要，当 NameNode 出现故障的时候需要及时报警，从而最大程度地减少损失。分析一个 NameNode 节点是否运行正常，一个重要的方法就是查看 NameNode 的日志文件，当 NameNode 的运行出现不正常情况时会产生 WARN 和 ERROR 日志信息。

下面利用 Flink 做简单的日志文件单词统计分析，分析一个时间段内 NameNode 产生的单词统计。将 HDFS 集群的 NameNode 产生的日志文件重定向到 netcat 命令，生成一个文件服务器。Flink 流应用程序接收来自 netcat 端的文本数据，然后统计单词个数，最后在一个具体的 Flink 集群节点上生成运算结果并显示。

Flink 基于网络文本数据的实时单词统计分析代码，详细的可运行代码可以从 GitHub 上下载（https://github.com/alibook/alibook-bigdata.git），以下是部分代码。

```
public class SocketTextStream {
  public static void main(String[] args) throws Exception {

    if (!parseParameters(args)) {
      return;
    }

    // set up the execution environment
    final StreamExecutionEnvironment env = StreamExecutionEnvironment
        .getExecutionEnvironment();

    // get input data
    DataStream < String > text = env.socketTextStream(hostName, port, '\n', 0);

    DataStream < Tuple2 < String, Integer >> counts =

// split up the lines in pairs (2 - tuples) containing: (word,1)
    text.flatMap(new Tokenizer())
    // group by the tuple field "0" and sum up tuple field "1"
      .keyBy(0)
      .sum(1);

    if (fileOutput) {
      counts.writeAsText(outputPath, WriteMode.NO_OVERWRITE);
    } else {
```

```
                    counts.print();
            }

        // execute program
        env.execute("WordCount from SocketTextStream Example");
    }


    // ****************************************************************************
    // UTIL METHODS
    // ****************************************************************************

    private static boolean fileOutput = false;
    private static String hostName;
    private static int port;
    private static String outputPath;

    private static boolean parseParameters(String[] args) {

        // parse input arguments
        if (args.length == 3) {
            fileOutput = true;
            hostName = args[0];
            port = Integer.valueOf(args[1]);
            outputPath = args[2];
        } else if (args.length == 2) {
            hostName = args[0];
            port = Integer.valueOf(args[1]);
        } else {
            System.err.println("Usage: SocketTextStreamWordCount <hostname> <port>
[<outputpath>]");
            return false;
        }
        return true;
    }


    /**
     * Implements the string tokenizer that splits sentences into words * as a user-defined
    FlatMapFunction. The function takes a line * (String) and splits it into multiple pairs in
    the form of "(word,1)" * ({@code Tuple2<String, Integer>}).
     */
    public static final class Tokenizer implements FlatMapFunction<String, Tuple2<String,
Integer>> {
        private static final long serialVersionUID = 1L;

        public void flatMap(String value, Collector<Tuple2<String, Integer>> out)
                throws Exception {
            // normalize and split the line
            String[] tokens = value.toLowerCase().split("\\W+");

            // emit the pairs
            for (String token : tokens) {
                if (token.length() > 0) {
```

```
                           out.collect(new Tuple2 < String, Integer >(token, 1));
                    }
                }
            }
        }
    }
```

首先在终端上生成文件服务器,在 HDFS 集群的 NameNode 节点的终端上运行以下命令。

```
tail − f hadoop − user − namenode − node144.log | nc − l 12345
```

上面的 hadoop-user-namenode-node144.log 为 HDFS 集群 NameNode 产生的日志文件,12345 为网络文件传输的端口号。

然后将利用 Maven 编译好的 jar 文件在 Flink 上运行,在 Flink 集群节点上运行以下命令。

```
bin/flink run − c alibook.flink.SocketTextStream   /home/user/flink − 0.0.1.jar node144 12345
```

运行结果如图 12-6 所示。

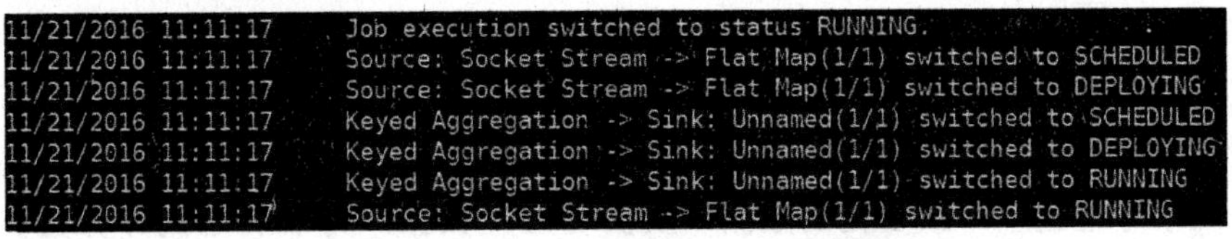

```
11/21/2016 11:11:17     Job execution switched to status RUNNING.
11/21/2016 11:11:17     Source: Socket Stream -> Flat Map(1/1) switched to SCHEDULED
11/21/2016 11:11:17     Source: Socket Stream -> Flat Map(1/1) switched to DEPLOYING
11/21/2016 11:11:17     Keyed Aggregation -> Sink: Unnamed(1/1) switched to SCHEDULED
11/21/2016 11:11:17     Keyed Aggregation -> Sink: Unnamed(1/1) switched to DEPLOYING
11/21/2016 11:11:17     Keyed Aggregation -> Sink: Unnamed(1/1) switched to RUNNING
11/21/2016 11:11:17     Source: Socket Stream -> Flat Map(1/1) switched to RUNNING
```

图 12-6   SocketTextStream 任务启动

然后根据 Flink 的 Web 界面查看 SocketTextStream 任务,找到对应的 Flink 文本统计计算节点,如图 12-7 所示。

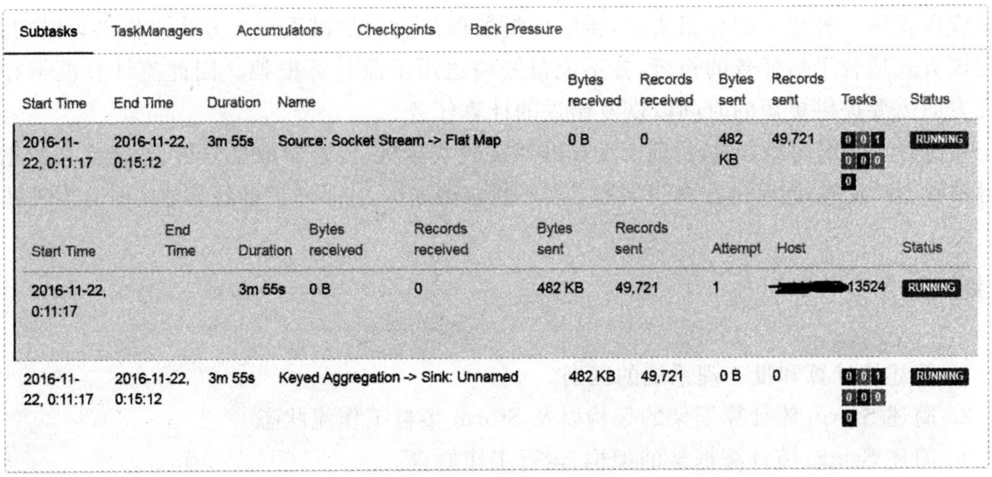

Start Time	End Time	Duration	Name	Bytes received	Records received	Bytes sent	Records sent	Tasks	Status
2016-11-22, 0:11:17	2016-11-22, 0:15:12	3m 55s	Source: Socket Stream -> Flat Map	0 B	0	482 KB	49,721	0 0 1 / 0 0 0	RUNNING

Start Time	End Time	Duration	Bytes received	Records received	Bytes sent	Records sent	Attempt	Host	Status
2016-11-22, 0:11:17		3m 55s	0 B	0	482 KB	49,721	1	———13524	RUNNING

| 2016-11-22, 0:11:17 | 2016-11-22, 0:15:12 | 3m 55s | Keyed Aggregation -> Sink: Unnamed | 482 KB | 49,721 | 0 B | 0 | 0 0 1 / 0 0 0 | RUNNING |

图 12-7   Flink 查看 SocketTextStream 任务

然后在节点 node148 上查看具体的任务——单词统计情况,运行结果如图 12-8 所示。

```
(1,318)
(148,75)
(39402,75)
(call,292)
(2215,12)
(retry,219)
(0,419)
(wrote,73)
(41,73)
(bytes,73)
(2016,468)
(11,935)
(21,468)
(11,936)
(20,38)
(04,40)
(808,2)
(debug,468)
(namenode,15)
(namenoderesourcechecker,29)
(namenoderesourcechecker,30)
(java,541)
(isresourceavailable,15)
```

图 12-8   SocketTextStream 单词统计运算结果

12.6   流计算发展趋势

本节分别从流计算技术发展和流计算应用趋势两个方面阐述。

在流计算技术发展方面,随着互联网技术的不断发展,互联网产生的数据不断增加,传统的离线处理方式无法适用于不断变化的数据以及无法满足数据分析的低延迟要求,流计算框架可以很好地适应不断变化的数据以及实时处理数据。为了满足流计算的实时特性,目前流计算框架基本上把大规模数据存放在内存中,如 Spark Streaming、Flink 等;主要是目前内存存储容量不断增加,单位存储成本不断降低,内存存取访问速度在纳秒级别。因此建立以内存为基础的实时计算框架是流计算的一个发展趋势。

作为一个通用的计算框架,流计算框架也必须提供容错机制,提高系统可靠性。流计算框架应该提供一种更好的容错机制,传统的批处理采用的是以重做的方式来提供容错功能,但是该方式适合于短任务的执行,并不能很好地适用于流计算框架。因此流计算框架在容错性方面需要提供更短的时间以恢复错误的计算任务。

在流计算应用趋势方面,目前流计算框架在股票分析、传感器数据分析、智能交通数据分析等领域不断发展,同时也在在线学习方面不断取得进步,并不断扩展到其他实时分析领域。

习题

1. 简述流计算和批处理系统的区别。
2. 简述 Storm 流计算框架的架构以及 Storm 集群工作流状态。
3. 简述 Samza 流计算框架的架构、运行工作原理。
4. 动手构建一个关于天气的实时预警分析应用,采用 Storm 流计算框架。

第13章

集群资源管理与调度

随着互联网的快速发展和大数据的来临,基于数据密集型应用的集群计算框架不断涌现,并且这些计算框架都只面向某一类特定领域的应用。基于这一特点,互联网公司往往需要部署和运行多个计算框架,从而为每个应用选择最优的计算框架。因此,资源统一管理和调度系统作为集群共享平台被提出来。当前比较有名的开源资源统一管理和调度平台有两个,一个是 Mesos,另外一个是 YARN。集群资源统一管理和调度系统需要同时支持多种不同的计算框架,如何管理集群计算资源和不同计算框架间的资源公平分配成为关键技术难点。不同计算框架的作业是异构的,如何在不同框架间进行作业调度以充分利用集群资源和提高系统吞吐量成为新的挑战。

相比于"一种计算框架一个集群"的模式,共享集群的模式具有以下三个优点。

(1) 硬件共享,资源利用率高。如果每个框架一个集群,则往往由于应用程序的数量和资源需求的不均衡使得在某段时间内有些计算框架的资源紧张,而另外一些集群资源比较空闲。共享集群模式则通过多框架共享资源,使得集群中的资源得到更加充分的利用。

(2) 人员共享,运维成本低。采用"一种计算框架一个集群"的模式可能需要多个管理员来管理和维护集群,进而增加运维成本,而在共享模式下只需要少数几个管理员即可完成多个框架的统一管理。

(3) 数据共享,数据复制开销低。随着数据量的暴增,跨集群的数据移动不仅需要花费更长的时间,且硬件成本也会随之增加;而共享集群可让多个框架共享数据和硬件存储资源,这将大大减少数据复制的开销。

13.1 集群资源统一管理系统

简而言之,集群资源统一管理系统需要支持多种计算框架,并需要具有扩展性、容错性和高资源利用率等几个特点。一个行之有效的资源统一管理系统需要包含资源管理、分配和调度等功能。图 13-1 是统一管理与调度系统的基本架构图。

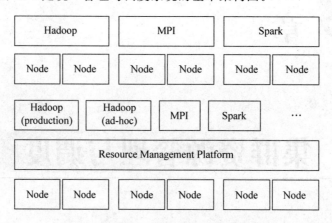

图 13-1　资源统一管理与调度系统基本架构

基于真实资源需求的资源管理方案能够提升集群资源的利用率,进而提升吞吐量。

13.1.1　集群资源管理概述

商业服务器集群目前已经成为主要的计算平台,为互联网服务和大量的数据密集型科学计算提供了强大的计算能力。基于上述需求,研究人员和开发人员设计和实现了大量的分布式计算框架,简化集群程序的编写,最典型的例子包括 MapReduce、Dryad、MapReduce Online(支持流任务)、Pregel(图计算框架)。新的计算框架仍然不断地产生,但是没有一种计算框架可以适合所有的计算任务,所以目前采取的方式是在同一个集群上运行多个计算框架,选取一个最优的。多个计算框架之间共享一个服务器集群可以共享大规模数据集,极大地降低因为数据集规模巨大而带来的复制开销。

当前多个计算框架共用一个服务器集群的方式是对集群进行静态划分,每个分区运行一个计算框架;另外一种方式是为每个计算框架分配一些虚拟机 VM,但是这些方法都没有实现高利用率和数据共享,最重要的原因是当前这些解决方法的资源分配粒度和当前的计算框架不匹配。典型的计算框架,如 Hadoop 和 Dryad,采用的是细粒度的资源共享模型,计算节点把资源划分成多个 slot,并且一个 job 由多个短任务 task 组成,短任务实现了资源的高利用率和高扩展性,但是目前的大多数计算框架基本上都是独立开发,没有一个在多个计算框架之间细粒度共享资源的方式,从而在这些计算框架之间共享资源和数据变得更加困难和复杂。

因此要设计一种集群资源管理系统支持多个计算框架,实现集群资源共享和高利用率。为了实现这一目标需要解决以下问题。

(1) 支持多种不同的计算框架。不同的计算框架采用的是不同的资源共享模型、不同的资源调度需求、不同的通信模式以及不同的任务依赖关系,既要支持当前计算框架,也需要支持以后的计算框架。

(2) 集群资源管理系统需要支持良好的扩展性。当前的集群资源拥有几万台计算节点,运行着几百个 job,一次有几百万个 task 同时运行。

(3) 需要具有良好的容错和高可靠性。

13.1.2 Apache YARN

Apache Hadoop YARN(Yet Another Resource Negotiator,另一种资源协调者)是一种新的 Hadoop 资源管理器,它是一个通用资源管理系统,可为上层应用提供统一的资源管理和调度,它的引入为集群在利用率、资源统一管理和数据共享等方面带来了巨大的好处。

YARN 的基本思想是将 JobTracker 的两个主要功能(资源管理和作业调度/监控)分离,主要方法是创建一个全局的 ResourceManager(RM)和若干个针对应用程序的 ApplicationMaster(AM)。这里的应用程序是指传统的 MapReduce 作业或 DAG(有向无环图)作业。

YARN 分层结构的本质是 ResourceManager。这个实体控制整个集群并管理应用程序向基础计算资源的分配。ResourceManager 将各个资源部分(计算、内存、带宽等)精心地安排给基础 NodeManager(YARN 的每个节点代理)。ResourceManager 还与 ApplicationMaster 一起分配资源,与 NodeManager 一起启动和监视它们的基础应用程序。在此上下文中,ApplicationMaster 承担了以前的 TaskTracker 的一些角色,ResourceManager 承担了 JobTracker 的角色。

ApplicationMaster 管理一个在 YARN 内运行的应用程序的每个实例。ApplicationMaster 负责协调来自 ResourceManager 的资源,并通过 NodeManager 监视容器的执行和资源使用(CPU、内存等的资源分配)。

NodeManager 管理一个 YARN 集群中的每个节点。NodeManager 提供针对集群中每个节点的服务,从监督对一个容器的终生管理到监视资源和跟踪节点健康。MRv1 通过插槽管理 Map 和 Reduce 任务的执行,而 NodeManager 管理抽象容器,这些容器代表着可供一个特定应用程序使用的针对每个节点的资源。如果要使用一个 YARN 集群,首先需要来自包含一个应用程序的客户的请求。ResourceManager 协商一个容器的必要资源,启动一个 ApplicationMaster 来表示已提交的应用程序。通过使用一个资源请求协议,ApplicationMaster 协商每个节点上供应用程序使用的资源容器。在执行应用程序时,ApplicationMaster 监视容器直到完成。当应用程序完成时,ApplicationMaster 从 ResourceManager 注销其容器,执行周期就完成了。

图 13-2 显示了在 YARN 上运行的两个 Application,每个 Application 有一个 ApplicationMaster,如图中的 AM_1 和 AM_2。每个 ApplicationMaster 管理每个应用的每个具体任务,包括任务启动、任务监控、任务失败重启。图 13-2 显示了 AM_1 管理三个任务,具体包括 $Container_{1,1}$、$Container_{1,2}$、$Container_{1,3}$,AM_2 管理 4 个任务,具体包括 $Container_{2,1}$、$Container_{2,2}$、$Container_{2,3}$、$Container_{2,4}$。

下面从 YARN 资源分配模型和协议组件两部分来分析 YARN 的工作原理。

1. 资源分配模型

在早期的 Hadoop 版本中,每个集群中的节点资源被静态赋予具体的 slot 值,分为 Map slot 和 Reduce slot,这些 slot 无法在 Map 任务和 Reduce 任务之间共享。这种静态划分 Map slot 和 Reduce slot 的方式效果不佳,因为 MapReduce Job 运行会发生改变。实际情况是每个 MapReduce Job 随机提交,每一个都需要提交自己的 Map slot 和 Reduce slot 需

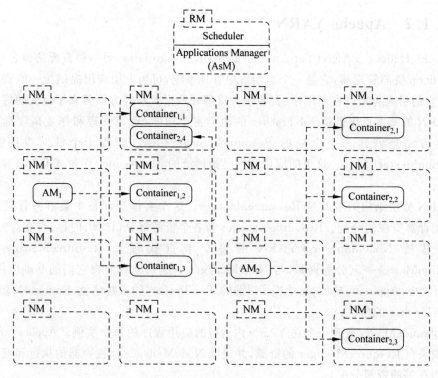

图 13-2   YARN 运行 Application

求,这样很难使集群的资源利用达到最优。

目前解决这种问题的方式是利用 Container 的方法,这是一种更具有弹性的资源模型。资源请求以 Container 的方式发送,每个 Container 里面的属性都是非静态的。使用 Container 的方式只需要对 Container 中的每个属性定义一个最大值和一个最小值,比如为 memory 属性定义最大值和最小值。ApplicationMaster 请求容器 Container,设置对应的属性值,只需要最大值和最小值。

2. 协议组件

这里通过讲解 YARN 中三个重要的通信协议来理解 YARN 的具体工作原理。

1) Client-ResourceManager

图 13-3 显示了一个 Application 在 YARN 上初始启动的过程,典型的是通过 Client 和 RM 通信来启动 Application。第 1 步,Client 发送启动 Application 请求给 RM 创建一个新的 Application;第 2 步,RM 应答 Client 的请求,返回一个 ApplicationId 给 Client;第 3 步,在收到来自 RM 的响应后,Client 构建 Application Submission Context,信息包括 AppId、Queue、Priority 等,也包括 Container Launch Context,用于在 NM 上启动具体的 task。

Client 提交 Application Context 启动 Application 之后,可以发送 Application Report 查询请求给 RM 查询具体的 Application Report,RM 返回请求结果。如果中间出现其他问题,Client 可以取消删除该应用,如图 13-4 中的步骤 6 所示。

2) ResourceManager-ApplicationMaster

当 RM 接收来自 Client 的 submission context 之后,寻找到一个具体有效的 Container

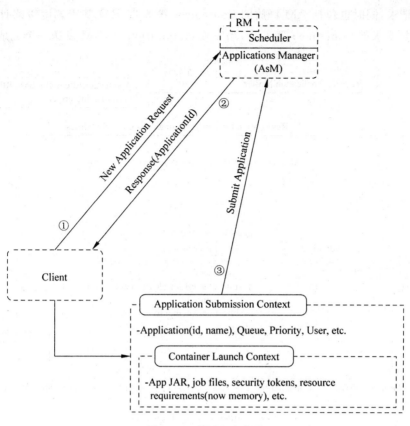

图 13-3 应用程序启动

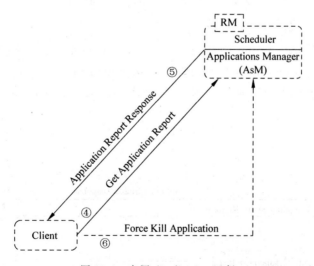

图 13-4 应用 Application 运行

满足 AM 的需求,然后在具体的 NM 上启动 AM。图 13-5 描述了在 NM 上启动 AM 之后 AM 启动多个 task 的过程。第 1 步,AM 向 RM 登记,这个过程包括一个握手过程以及发送 RPC 端口、tracking URL 等信息;第 2 步,RM 返回重要信息,包括当前集群的 min/max 资源容量,AM 根据 min/max 资源容量计算每个 task 的资源请求;第 3 步,发送具体的

Container 请求,同时也包括 AM 释放的 Container;第 5 步,RM 基于调度策略计算请求资源,返回满足要求的 Container;第 6 步,当完成 Application 时,AM 发送一个完成的消息给 RM。

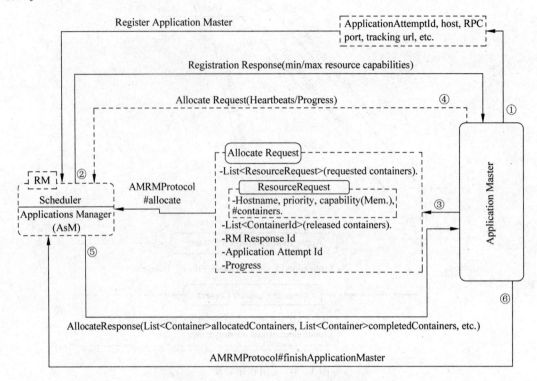

图 13-5　ApplicationMaster 启动任务

3）ApplicationMaster-ContainerManager

图 13-6 显示了 AM（ApplicationMaster）与 NM（NodeManager）之间的通信。第 1 步,AM 根据 RM 返回的 Container 信息发送 Container Launch Context 到对应的 RM 上;当对应的 Container 运行时,AM 通过 2)和 3)获取对应的 Container 运行时信息。

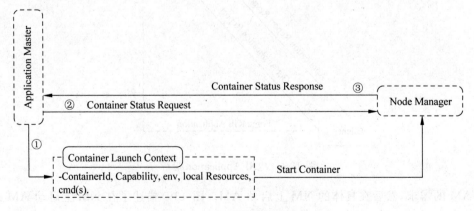

图 13-6　Application 监控任务运行

13.1.3　Apache Mesos

Mesos 是以与 Linux 内核同样的原则创建的,不同点仅在于抽象的层面。Mesos 内核运行在每一个机器上,同时通过 API 为各种应用提供跨数据中心和云的资源管理调度能力。这些应用包括 Hadoop、Spark、Kafka、Elastic Search。另外,Mesos 还可配合框架 Marathon 来管理大规模的 Docker 等容器化应用。

图 13-7 显示了 Mesos 的主要组成部分。Mesos 由一个 Master daemon 来管理 Agent daemon 在每个集群节点上的运行,Mesos Applications(也称为 Frameworks)在这些 Agent 上运行任务。

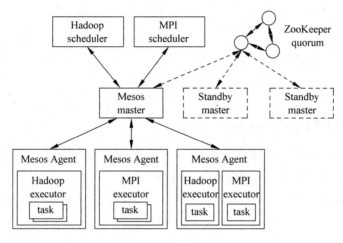

图 13-7　Mesos 架构图

Master 使用 Resource Offers 实现跨应用细粒度资源共享,如 CPU、内存、磁盘、网络等。Master 根据指定的策略来决定分配多少资源给计算框架,如公平共享策略或优先级策略。为了支持更多样性的策略,Master 采用模块化结构,这样就可以方便地通过插件形式来添加新的分配模块。

在 Mesos 上运行的计算框架由两个部分组成:一个是 Scheduler,通过注册到 Master 来获取集群资源;另一个是在 Agent 节点上运行的 Executor 进程,它可以执行计算框架的 Task。Master 决定为每个计算框架提供多少资源,通过计算框架的 Scheduler 来选择其中提供的资源。当计算框架同意了提供的资源时,它通过 Master 将 Task 发送到提供资源的 Agent 上运行。

图 13-8 是一个计算框架运行在 Mesos 上的资源供给流程,步骤如下。

(1) Agent1 向 Master 报告有 4 个 CPU 和 4GB 内存可用。

(2) Master 发送一个 Resource Offer 给 Framework1 来描述 Agent1 有多少可用资源。

(3) Framework1 中的 FW Scheduler 会答复 Master 有两个 Task 需要运行在 Agent1 上,一个 Task 需要< 2 CPU,1 GD 内存>,另外一个 Task 需要< 1 CPU,2 GD 内存>。

最后,Master 发送这些 Tasks 给 Agent1。之后,Agent1 还有一个 CPU 和 1GB 内存没有使用,所以分配模块可以把这些资源提供给 Framework2。

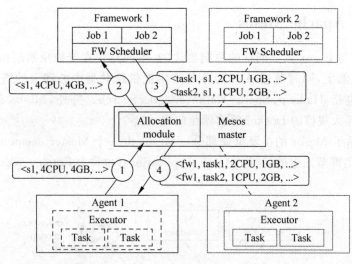

图 13-8　资源供给

13.1.4　Google Omega

Mesos、YARN 等集群管理系统采用的是双层调度器,相比独占调度器(Monolithic scheduler)具有更高的并发度,但是它具有以下缺点。

(1) 运行在这些集群管理系统上的计算框架无法知道整体集群的资源使用情况。

(2) 并发粒度小,采用的是悲观方式的并发控制。

针对上述双层调度器的不足,Omega 设计了共享状态调度器。该调度器将双层调度器中的集中式资源调度模块简化成了一些持久化的共享数据(状态)和针对这些数据的验证代码,而这里的"共享数据"实际上就是整个集群的实时资源使用信息。

13.2　资源管理模型

集群资源管理模型通常由两个部分组成,即资源表示模型和资源分配模型。由于这两个部分是耦合的,所以优化集群资源管理时需要同时结合这两个部分进行考虑。资源表示模型用于描述集群资源的组织方式,是集群资源统一管理的基础。从狭义上来讲,计算资源是指具有计算能力的资源,如 CPU 和 GPU 等。但实际上,对系统计算有影响的资源都可以划分到计算资源的范畴,包括内存容量、磁盘容量、I/O 和网络带宽等。合理的资源表示模型可以有效地利用资源,提高集群的利用率。

13.2.1　基于 slot 的资源表示模型

集群中每个节点的资源都是多维的,包括 CPU、内存、网络 I/O 和磁盘 I/O。为了简化资源管理问题,很多框架(如 Hadoop)引入"槽位"(slot)概念,并采用 slot 组织各个节点上的计算资源。实际上,基于 slot 的资源表示模型就是将各个节点上的资源等量切分成若干份,每一份用一个 slot 表示,同时规定任务可以根据实际需求占用多个 slot。通过引入 slot

这一概念,各个节点上的多维度资源被抽象成单一维度的 slot,这样可以把复杂的多维度资源分配问题转化成简单的 slot 分配问题,从而大大降低了资源管理问题的复杂度。

更进一步说,slot 相当于任务运行"许可证"。一个任务只有得到该"许可证"后才能获得运行的机会。这意味着每个节点上的 slot 数量决定了该节点上最大允许的任务并发度。同时为了区分不同任务所用资源量的差异,如 Hadoop 的作业被分为 Map Task 和 Reduce Task 两种类型,slot 则被分为 Map slot 和 Reduce slot 两种类型,并且只能分别被 Map Task 和 Reduce Task 使用。

13.2.2 基于最大、最小公平原则的资源分配模型

对于任何共享集群的系统,资源分配都是一个至关重要的模块。一个最常用的分配策略是最大最小公平原则,其最早用于控制网络流量,以实现公平分配网络带宽。最大最小公平策略的基本含义是使得资源分配的最小分配量尽可能最大,它可以防止任何网络流被"饿死",同时在一定程度上尽可能地增加每个流的速率。因此,最大最小公平策略被认为是一种很好的权衡有效性和公平性的自由分配策略,在经济、网络领域有着广泛的应用,由其演变出来的加权最大最小公平模型被一些资源分配策略广泛地采用,如基于优先级、预留机制和限期的分配策略。最大最小公平模型同时也保证分配隔离,即用户确保接收自己的分配量而不用考虑其他用户的需求。

基于这些特点,大量的分配算法被提出来实现不同准确度的最大最小公平模型,例如轮询、均衡资源共享和加权公平队列等。这些算法被应用于各种各样的资源分配上,包括网络带宽、CPU、内存以及二级存储空间。但这些公平分配的工作主要集中在单一资源类型,同样,在多类型资源环境和需求异构化下,公平合理的分配策略也很重要。

为了支持多维度资源调度,越来越多的分配算法被提出,包括主资源公平调度算法,该算法扩展了最大最小公平算法,其能够在保证分配公平的前提下支持多维度资源的调度。在 DRF 算法中将所需份额(资源比例)最大的资源称为主资源,DRF 的基本设计思想则是将最大最小公平算法应用于主资源上,进而将多维资源调度问题转化为单维资源调度问题,即 DRF 总是最大化所有主资源占用量中最小的。由于 DRF 被证明非常适合应用于多资源和复杂需求的环境中,因此被越来越多的系统所采用,其中包括 Apache YARN 和 Apache Mesos。

13.3 资源调度策略

13.3.1 调度策略概述

在分布式计算领域中,资源分配问题实际上是一个任务调度问题。它的主要任务是根据当前集群中各个节点上的资源(包括 CPU、内存和网络)的剩余情况与各个用户作业的服务质量要求在资源和作业任务之间做出最优的匹配。由于用户对作业服务质量的要求是多样化的,分布式系统中的任务调度是一个多目标优化的问题。更进一步说,它是一个典型的 NP-hard 问题。

通常,分布式系统都会提供一个非常简单的调度机制——FIFO(First In First Out),即先来先服务。在该调度机制下,所有的用户作业都被提交到一个队列中,然后由调度器按照作业提交时间的先后顺序来选择将被执行的作业。但随着分布式计算框架的普及,集群的用户量越来越大,不同用户提交的应用程序往往具有不同的服务质量要求,典型的应用有以下三种。

(1) 批处理作业。这种作业往往耗时较长,对完成时间一般没有严格要求,如数据挖掘、机器学习等方面的应用程序。

(2) 交互式作业。这种作业期望能及时返回结果,如 SQL 查询(Hive)。

(3) 生产性作业。这种作业要求有一定量的资源保证,如统计值计算、垃圾数据分析等。

此外,不同应用程序对硬件资源的需求量也是不同的,如过滤/统计类作业一般为 CPU 密集型作业,而数据挖掘、机器学习的作业一般为 I/O 密集型作业。传统的 FIFO 调度算法虽然简单明了,但是它忽略了不同作业对资源的需求差异,严重时会影响作业的执行。因此,传统的 FIFO 调度策略不仅不能满足多样化需求,也不能充分利用硬件资源。

为了克服单队列 FIFO 调度器的不足,多种类型的多用户多队列调度器相继出现。这些调度策略允许管理员按照应用需求对用户或者应用程序分组,并为不同的分组分配不同的资源量,同时通过添加各种约束防止单个用户或应用程序独占资源,进而满足多样化的 QoS 需求。当前主要有两种多用户作业调度器的设计思路:第一种是在一个物理集群上虚拟多个子集群,典型的代表是 HOD(Hadoop On Demand)调度器;另一种是扩展传统调度策略,使之支持多队列多用户,这样不同的队列拥有不同的资源量,可以运行不同的应用程序,典型的代表是 Yahoo! 的 Capacity Scheduler 和 Facebook 的 Fair Scheduler。

13.3.2　Capacity Scheduler 调度

Capacity Scheduler 调度器是解决多用户情况下共享集群资源的调度方式,使每个提交的计算任务都可以在合理的时间内完成。

下面以 Hadoop 中的 MapReduce 作业为例来介绍 Capacity Scheduler 调度器。目前很多公司渐渐采用资源池的方式组织和管理资源,公司下属的多个部门机构如果需要使用资源则从总的资源池中分配具体配额。如果需要运行 Hadoop MapReduce 作业任务在这些共享集群资源上,则需要良好的资源调度方式。

Capacity Scheduler 调度的思路如下:将总体的集群资源以可以预测和简单的方式划分到公司的多个子部门和机构,主要是以 Job 队列的方式;每个 Job 队列都有一个 capacity 的保证,也同时提供资源弹性功能,即一个队列未使用的资源可以给 Job 过载的队列使用;采用这种资源调度方式既可以提高系统的资源利用率,也可以确保所有 Job 的正常运行。举个简单的例子,假设建立了 5 个 Job 队列,则每个 Job 队列将会拥有 20% 的计算处理能力,用户当然可以自己定义 Job 应放到哪个 Job 队列中。

目前,Hadoop 中实现的 Capacity Scheduler 支持以下特性。

(1) 等级队列(Hierarchy Queue)。采用等级队列的方式可以确保所有的空闲资源在所有用户中共享,提高资源的控制能力。

(2) 容量保证(Capacity Guarantee)。每个队列都有一定比例的资源。

（3）安全保证（Security Guarantee）。每个队列都有 ACL，限制可以存放的用户 Job。

（4）弹性（Elasticity）。分配给队列的空闲资源超过它的容量，多余的空闲资源可以分配给其他队列。

（5）多用户（Multi-tenancy）。提供给每个应用、用户和队列的资源是有限制的，防止它们独占整体的队列资源和集群资源。

（6）可操作。运行时配置（可以在运行时更改配置）和 Drain Application（系统管理员可以停止队列直到现有的应用完成才允许新的 Job 添加到队列中）。

（7）基于资源的调度。支持资源密集型应用，这些应用可以指定高于默认的资源需求，同时协调不同的资源需求。

表 13-1 是 Hadoop 中 Capacity Scheduler 调度器配置。

表 13-1　conf/yarn-site. xml 配置

属　　性	值
yarn. resourcemanager. scheduler. class	org. apache. hadoop. yarn. server. resourcemanager. scheduler. capacity. CapacityScheduler

下面是具体的队列配置。

```
< property >
  < name > yarn. scheduler. capacity. root. queues </ name >
  < value > a, b, c </ value >
  < description > The queues at the this level (root is the root queue).
  </ description >
</ property >

< property >
  < name > yarn. scheduler. capacity. root. a. queues </ name >
  < value > a1, a2 </ value >
  < description > The queues at the this level (root is the root queue).
  </ description >
</ property >

< property >
  < name > yarn. scheduler. capacity. root. b. queues </ name >
  < value > b1, b2, b3 </ value >
  < description > The queues at the this level (root is the root queue).
  </ description >
</ property >
```

13. 3. 3　Fair Scheduler 调度

公平调度是一种赋予作业（Job）资源的方法，它的目的是让所有作业随着时间的推移都能平均地获取等同的共享资源。当单独一个作业运行时，它将使用整个集群。当有其他作业被提交上来时，系统会将任务（task）空闲时间片（slot）赋给这些新的作业，以使每一个作业大概获取到等量的 CPU 时间。与 Hadoop 默认调度器维护一个作业队列不同，这个特性让小作业在合理的时间内完成的同时又不"饿"到消耗较长时间的大作业。它也是一个在多用户间共享集群的简单方法。公平共享可以和作业优先权搭配使用——优先权像权重一样用作决定每个作业所能获取的整体计算时间的比例。

公平调度器按资源池（pool）来组织作业，并把资源公平地分到这些资源池里。默认情况下，每一个用户拥有一个独立的资源池，以使每个用户都能获得一份等同的集群资源而不管他们提交了多少作业。按用户的 UNIX 群组或作业配置（JobConf）属性来设置作业的资源池也是可以的。在每一个资源池内会使用公平共享的方法在运行作业之间共享容量。用户也可以给予资源池相应的权重，以不按比例的方式共享集群。

除了提供公平共享方法外，公平调度器还提供了资源池中最小使用资源保证，这种方式在特定场合和生产环境下可以起到很有效的作用。当一个资源池包含作业时，它至少能获取到它的最小共享资源，但是当资源池不完全需要它所拥有的保证共享资源时，额外的部分会在其他资源池间进行切分。

在常规操作中，当提交了一个新作业时，公平调度器会等待已运行作业中的任务完成以释放时间片给新的作业。但是公平调度器也支持在可配置的超时时间后对运行中的作业进行抢占。如果新的作业在一定时间内还获取不到最小的共享资源，这个作业被允许去终结已运行作业中的任务以获取运行所需要的资源。因此抢占可以用来保证"生产"作业在指定时间内运行的同时也让 Hadoop 集群能被实验或研究作业使用。另外，作业的资源在可配置的超时时间（一般设置大于最小共享资源超时时间）内拥有不到其公平共享资源一半的时候也允许对任务进行抢占。在选择需要结束的任务时，公平调度器会在所有作业中选择那些最近运行起来的任务，以最小化被浪费的计算。抢占不会导致被抢占的作业失败，因为 Hadoop 作业能"容忍"丢失任务，这只是会让它们的运行时间更长。

最后，公平调度器还可以限制每个用户和每个资源池的并发运行作业数量。当一个用户必须一次性提交数百个作业时，或当大量作业并发执行时，用来确保中间数据不会塞满集群上的磁盘空间，这是很有用的。设置作业限制会使超出限制的作业被列入调度器的队列中进行等待，直到一些用户/资源池的早期作业运行完毕。系统会根据作业优先权和提交时间的排列来运行每个用户/资源池中的作业。

以下是 Hadoop 中配置 Fair Scheduler 的方式。

```
<property>
    <name>mapred.jobtracker.taskScheduler</name>
    <value>org.apache.hadoop.mapred.FairScheduler</value>
</property>
```

实现公平调度分为两个方面：计算每个作业的公平共享资源，以及当一个任务的时间片可用时选择哪个作业去运行。

在选择了运行作业之后，调度器会跟踪每一个作业的"缺额"——作业在理想调度器上所应得的计算时间与实际所获得的计算时间的差额。这是一个测量作业的"不公平"待遇的度量标准。每过几百毫秒，调度器就会通过查看各个作业在这个间隔内运行的任务数与它的公平共享资源的差额来更新各个作业的缺额。当有任务时间片可用时，它会被赋给拥有最高缺额的作业。但有一个例外——如果有一个或多个作业都没有达到它们的资源池容量的保证量，将只在这些"贫穷"的作业间进行选择（再次基于它们的缺额），以保证调度器能尽快地满足资源池的保证量。

公平共享资源是依据各个作业的"权重"通过在可运行作业之间平分集群容量计算出来的。默认权重是基于作业优先权的，每一级优先权的权重是下一级的两倍（例如，VERY_HIGH 的权重是 NORMAL 的 4 倍）。但是，权重也可以基于作业的大小和年龄。对于在一个资源池内的作业，公平共享资源还会考虑这个资源池的最小保证量，接着再根据作业的权重在这个资源池内的作业间划分这个容量。

在用户或资源池的运行作业限制没有达到上限的时候，做法和标准的 Hadoop 调度器一样，在选择要运行的作业时，首先根据作业的优先权对所有作业进行排序，然后再根据提交时间进行排序。对于上述排序队列中超出用户/资源池限制的作业将会被排队并等待空闲时间片，直到它们可以运行。在这段时间内，它们被公平共享计算忽略，不会获得或失去缺额（它们的公平均分量被设为 0）。

抢占是定期检查是否有作业的资源低于其最小共享资源或低于其公平共享资源的一半。如果一个作业的资源低于其共享资源的时间足够长，它将被允许去结束其他作业的任务。所选择的任务是所有作业中最近运行起来的任务，以最小化被浪费的计算。

13.4 YARN 上运行计算框架

13.4.1 MapReduce on YARN

由于 MapReduce 的 JobTracker/TaskTracker 机制需要通过大规模的调整来修复它在可扩展性、内存消耗、线程模型、可靠性等上的缺陷，为从根本上解决旧 MapReduce 框架的性能瓶颈，MapReduce 框架需要完全重构，图 13-9 是新的 YARN 系统架构图。重构的根本思想是将 JobTracker 的两个主要功能分离成单独的组件，这两个功能是资源管理和任务调度/监控。新的资源管理器全局管理所有应用程序计算资源的分配，每一个应用的 ApplicationMaster 负责相应的调度和协调。ResourceManager 和每一台机器的节点管理服务器管理用户在这台机器上的进程并能对计算进行组织。

事实上，每一个应用的 ApplicationMaster 是一个详细的框架库，它结合从 ResourceManager 获得的资源和 NodeManager 协同工作来运行和监控任务。在图 13-9 中，ResourceManager 支持分层级的应用队列，这些队列享有集群一定比例的资源。它就是一个调度器，在执行过程中不对应用进行监控和状态跟踪。同样，它也不能重启因应用失败或者硬件错误而运行失败的任务。

ResourceManager 是基于应用程序对资源的需求进行调度的，每一个应用程序需要不同类型的资源，因此就需要不同的容器。资源包括内存、CPU、磁盘、网络等。资源管理器提供调度策略，它负责将集群资源分配给多个队列和应用程序。调度器可以基于现有的能力进行调度。

在图 13-9 中，NodeManager 是每一台机器框架的代理，是执行应用程序的容器，监控应用程序的资源使用情况，如 CPU、内存、硬盘、网络等，并且向调度器汇报。

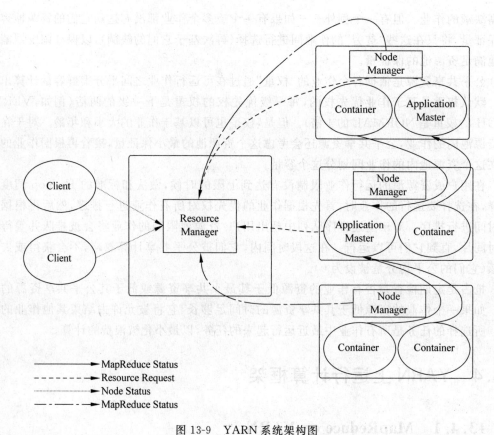

图 13-9　YARN 系统架构图

每一个应用程序的 ApplicationMaster 的职责有向调度器索要适当的资源容器、运行任务、跟踪应用程序的状态、监控进程、处理任务的失败原因等。

13.4.2　Spark on YARN

Spark 是类 Hadoop MapReduce 的通用并行框架。Spark 拥有 Hadoop MapReduce 所具有的优点,不同于 MapReduce 的是 Job 中间输出结果可以保存在内存中,从而不再需要读/写磁盘,因此 Spark 能更好地适用于数据挖掘与机器学习等需要迭代的 MapReduce 的算法。Spark 在 YARN 中有 yarn-cluster 和 yarn-client 两种运行模式。

1. yarn-cluster

Spark Driver 首先作为一个 ApplicationMaster 在 YARN 集群中启动,客户端提交给 ResourceManager 的每一个 Job 都会在集群的 worker 节点上分配一个唯一的 ApplicationMaster,由该 ApplicationMaster 管理全生命周期的应用。因为 Driver 程序在 YARN 中运行,所以事先不用启动 Spark Master/Client,应用的运行结果不能在客户端显示(可以在 History Server 中查看),所以最好将结果保存在 HDFS 中,客户端的终端显示的是作为 YARN 的 Job 的简单运行状况。

yarn-cluster 的运行步骤如下。

(1) 由 Client 向 ResourceManager 提交请求,并上传 jar 到 HDFS 上。

（2）ResouceManager 向 NodeManager 申请资源，创建 Spark ApplicationMaster。

（3）NodeManager 启动 Spark App Master 并注册。

（4）Spark ApplicationMaster 从 HDFS 中找到 jar 文件，启动 DAGscheduler 和 YARN Cluster Scheduler。

（5）ResourceManager 注册申请 Container 资源。

（6）ResourceManager 通知 NodeManager 分配 Container。

（7）Spark ApplicationMaster 和 Container 进行交互，完成这个分布式任务。

2. yarn-client

在 yarn-client 模式下，Driver 运行在 Client 上，通过 ApplicationMaster 向 RM 获取资源。本地 Driver 负责与所有的 Executor Container 进行交互，并将最后的结果汇总。结束终端，相当于关闭这个 Spark 应用。客户端的 Driver 将应用提交给 YARN 后，YARN 会先后启动 ApplicationMaster 和 Executor。

ApplicationMaster 和 Executor 都是装载在 Container 里运行的，ApplicationMaster 分配的内存是 driver-memory，Executor 分配的内存是 executor-memory。同时，因为 Driver 在客户端，所以程序的运行结果可以在客户端显示，Driver 以进程名为 SparkSubmit 的形式存在。

13.4.3　YARN 程序设计

YARN 是一个资源管理系统，负责集群资源的管理和分配。如果想将一个新的应用程序运行在 YARN 之上，通常需要编写两个组件，即 Client 和 ApplicationMaster。在实际应用中专业的开发人员编写这两个组件，并提供给上层的应用程序用户使用。如果大量应用程序可抽象成一种通用框架，只需实现一个 Client 和一个 ApplicationMaster，然后让所有应用程序重用这两个组件即可。

通常，编写一个 YARN Application 涉及下面三个 PRC 协议。

（1）ClientRMProtocol。Client 通过该协议将应用程序提交给 ResourceManager 查询应用程序的运行状态、杀死应用程序等。

（2）AMRMProtocol。ApplicationMaster 使用该协议向 ResourceManager 注册、申请资源以运行自己的各个任务。

（3）ContainerManager。ApplicationMaster 使用该协议要求 NodeManager 启动/撤销 Container，或者获取各个 Container 的运行状态。

编写 YARN 程序的步骤如下。

1. 编写 Client

客户端通常只需要与 ResourceManager 交互，具体如下。

（1）获取 Application Id。客户端通过 RPC 协议 ClientRMProtocol 向 ResourceManager 发送应用程序提交请求——GetNewApplicationRequest，ResourceManager 返回 GetNewApplicationResponse。

（2）提交 ApplicationMaster。将启动 ApplicationMaster 所需的全部信息打包到数据结构 ApplicationSubmissionContext 中，所需信息主要包括 Application Id、Application Name、Application

Priority、Application 所属队列、Application 启动用户名、Application 对应的 Container 信息。客户端调用 ClientRMProtocol♯submitApplication(ApplicationSubmissionContext)将 ApplicationMaster 提交到 ResourceManager 上。ResourceManager 收到请求后会为 ApplicationMaster 寻找合适的节点,并在该节点上启动它。

2. 编写 ApplicationMaster

ApplicationMaster 需要与 ResourceManager 和 NodeManager 交互,具体步骤如下。

(1) 注册。ApplicationMaster 首先需要通过 RPC 协议 AMRMProtocol 向 ResourceManager 发送注册请求——RegisterApplicationMasterRequest,该数据结构中包含 ApplicationMaster 所在节点的 host、RPC port 和 TrackingUrl 等信息,而 ResourceManager 将返回 RegisterApplicationMasterResponse,该数据结构中包含多种信息,包括该应用程序的 ACL 列表、资源可使用上限和下限等。

(2) 申请资源。根据每个任务的资源需求,ApplicationMaster 向 ResourceManager 申请一系列用于运行任务的 Container,ApplicationMaster 使用 ResourceRequest 类描述每个 Container,一旦为任务构造了 Container,ApplicationMaster 就会使用 RPC 函数 AMRMProtocol♯allocate 向 ResourceManager 发送一个 AllocateRequest 对象,以请求分配这些 Container,ResourceManager 会为 ApplicationMaster 返回一个 AllocateResponse 对象,该对象中的主要信息包含在 AMResponse 中,ApplicationMaster 会不断追踪已经获取的 Container,且只有当需求发生变化时才允许重新为 Container 申请资源。

(3) 启动 Container。当 ApplicationMaster 从 ResourceManager 收到新分配的 Container 列表后,使用 RPC 函数 ContainerManager♯startContainer 向对应 NodeManager 发送 ContainerLaunchContext 以启动 Container。

ApplicationMaster 不断重复步骤(2)和步骤(3),直到所有任务运行成功,它会调用 AMRMProtocol♯finishApplicationMaster,以告诉 ResourceManager 自己运行结束。

下面是一个运行在 YARN 上的简单程序。设定场景是在 YARN 上启动一个 shell 命令,启动的 AM(ApplicationMaster)是一个不被管理的 AM,采用上面描述的 YARN 程序启动步骤编写。

首先初始化一个 YARN Client:

```
public boolean init(String[] args) throws ParseException {

Options opts = new Options();
opts.addOption("appname", true,
        "Application Name. Default value - UnmanagedAM");
opts.addOption("priority", true, "Application Priority. Default 0");
opts.addOption("queue", true,
        "RM Queue in which this application is to be submitted");
opts.addOption("master_memory", true,
    "Amount of memory in MB to be requested to run the"
    "application master");
opts.addOption("cmd", true, "command to start unmanaged"
    "AM (required)");
```

```
opts.addOption("classpath", true, "additional classpath");
opts.addOption("help", false, "Print usage");
CommandLine cliParser = new GnuParser().parse(opts, args);

if (args.length == 0) {
    printUsage(opts);
    throw new IllegalArgumentException(
        "No args specified for client to initialize");
}

if (cliParser.hasOption("help")) {
    printUsage(opts);
    return false;
}

appName = cliParser.getOptionValue("appname", "UnmanagedAM");
amPriority = Integer.parseInt(cliParser.getOptionValue("priority", "0"));
amQueue = cliParser.getOptionValue("queue", "default");
classpath = cliParser.getOptionValue("classpath", null);

amCmd = cliParser.getOptionValue("cmd");
if (amCmd == null) {
    printUsage(opts);
    throw new IllegalArgumentException(
        "No cmd specified for application master");
}

YarnConfiguration yarnConf = new YarnConfiguration(conf);
rmClient = YarnClient.createYarnClient();
rmClient.init(yarnConf);

return true;
}
```

在 YARN 上启动一个 AM(ApplicationMaster)：

```
public void launchAM(ApplicationAttemptId attemptId)
        throws IOException, YarnException {
        Credentials credentials = new Credentials();
        Token<AMRMTokenIdentifier> token =
            rmClient.getAMRMToken(attemptId.getApplicationId());
        // Service will be empty but that's okay, we are just passing down only
        // AMRMToken down to the real AM which eventually sets the correct
        // service-address.
        credentials.addToken(token.getService(), token);
        File tokenFile = File.createTempFile("unmanagedAMRMToken","",
            new File(System.getProperty("user.dir")));
        try {
```

```
                    FileUtil.chmod(tokenFile.getAbsolutePath(), "600");
                } catch (InterruptedException ex) {
                    throw new RuntimeException(ex);
                }
                tokenFile.deleteOnExit();
                DataOutputStream os = new DataOutputStream(new FileOutputStream(tokenFile,
                        true));
                credentials.writeTokenStorageToStream(os);
                os.close();

                Map<String, String> env = System.getenv();
                ArrayList<String> envAMList = new ArrayList<String>();
                boolean setClasspath = false;
                for (Map.Entry<String, String> entry : env.entrySet()) {
                    String key = entry.getKey();
                    String value = entry.getValue();
                    if(key.equals("CLASSPATH")) {
                        setClasspath = true;
                        if(classpath != null) {
                            value = value + File.pathSeparator + classpath;
                        }
                    }
                    envAMList.add(key + "=" + value);
                }

                if(!setClasspath && classpath!= null) {
                    envAMList.add("CLASSPATH=" + classpath);
                }
                ContainerId containerId = ContainerId.newContainerId(attemptId, 0);

                String hostname = InetAddress.getLocalHost().getHostName();
                envAMList.add(Environment.CONTAINER_ID.name() + "=" + containerId);
                envAMList.add(Environment.NM_HOST.name() + "=" + hostname);
                envAMList.add(Environment.NM_HTTP_PORT.name() + "=0");
                envAMList.add(Environment.NM_PORT.name() + "=0");
                envAMList.add(Environment.LOCAL_DIRS.name() + "=/tmp");
                envAMList.add(ApplicationConstants.APP_SUBMIT_TIME_ENV + "="
                        + System.currentTimeMillis());
                envAMList.add(ApplicationConstants.CONTAINER_TOKEN_FILE_ENV_NAME + "=" +
            tokenFile.getAbsolutePath());

                String[] envAM = new String[envAMList.size()];
                Process amProc = Runtime.getRuntime().exec(amCmd, envAMList.toArray(envAM));

                final BufferedReader errReader =
                        new BufferedReader(new InputStreamReader(
                                amProc.getErrorStream(), Charset.forName("UTF-8")));
                final BufferedReader inReader =
                        new BufferedReader(new InputStreamReader(
```

```
                    amProc.getInputStream(), Charset.forName("UTF-8")));

// read error and input streams as this would free up the buffers
// free the error stream buffer
Thread errThread = new Thread() {
    @Override
    public void run() {
        try {
            String line = errReader.readLine();
            while((line != null) && !isInterrupted()) {
                System.err.println(line);
                line = errReader.readLine();
            }
        } catch(IOException ioe) {
            LOG.warn("Error reading the error stream", ioe);
        }
    }
};
Thread outThread = new Thread() {
    @Override
    public void run() {
        try {
            String line = inReader.readLine();
            while((line != null) && !isInterrupted()) {
                System.out.println(line);
                line = inReader.readLine();
            }
        } catch(IOException ioe) {
            LOG.warn("Error reading the out stream", ioe);
        }
    }
};
try {
    errThread.start();
    outThread.start();
} catch (IllegalStateException ise) { }

// wait for the process to finish and check the exit code
try {
    int exitCode = amProc.waitFor();
    LOG.info("AM process exited with value: " + exitCode);
} catch (InterruptedException e) {
    e.printStackTrace();
} finally {
    amCompleted = true;
}

try {
    // make sure that the error thread exits
```

```
    // on Windows these threads sometimes get stuck and hang the execution
    // timeout and join later after destroying the process.
    errThread.join();
    outThread.join();
    errReader.close();
    inReader.close();
  } catch (InterruptedException ie) {
    LOG.info("ShellExecutor: Interrupted while reading the error/out stream", ie);
  } catch (IOException ioe) {
    LOG.warn("Error while closing the error/out stream", ioe);
  }
  amProc.destroy();
}
```

在终端运行如下命令：

```
bin/hadoop jar /home/user/yarn-0.0.1.jar alibook.yarn.UnmanagedAMLauncher -cmd "cat /etc/
hosts"
```

上面的 yarn-0.0.1.jar 为 Maven 编译产生的 jar 包文件，cmd 参数为需要执行的命令
参数。如图 13-10 所示为运行结果。

```
16/11/22 03:01:24 INFO yarn.UnmanagedAMLauncher: Initializing Client
16/11/22 03:01:25 INFO yarn.UnmanagedAMLauncher: Starting Client
16/11/22 03:01:25 INFO client.RMProxy: Connecting to ResourceManager at dell122/10.61.2.122:8032
16/11/22 03:01:25 INFO yarn.UnmanagedAMLauncher: Setting up application submission context for ASM
16/11/22 03:01:25 INFO yarn.UnmanagedAMLauncher: Setting unmanaged AM
16/11/22 03:01:25 INFO yarn.UnmanagedAMLauncher: Submitting application to ASM
16/11/22 03:01:25 INFO impl.YarnClientImpl: Submitted application application_1477880581089_0026
16/11/22 03:01:26 INFO yarn.UnmanagedAMLauncher: Got application report from ASM for, appId=26, appAttemptId=app
477880581089_0026_000001, clientToAMToken=null, appDiagnostics=, appMasterHost=N/A, appQueue=default, appMasterR
, appStartTime=1479754885486, yarnAppState=ACCEPTED, distributedFinalState=UNDEFINED, appTrackingUrl=N/A, appUse
16/11/22 03:01:26 INFO yarn.UnmanagedAMLauncher: Launching AM with application attempt id appattempt_14778805810
00001
16/11/22 03:01:26 INFO yarn.UnmanagedAMLauncher: AM process exited with value: 0
127.0.0.1    localhost localhost4 localhost4.localdomain4
::1          localhost localhost6 localhost6.localdomain6
```

图 13-10　YARN 应用运行结果

习题

1. 集群资源统一管理系统需要支持多种计算框架，介绍系统应具备的特点。
2. 简要介绍 slot 作业的分类。
3. 相比于"一个计算框架一个集群的模式"，简述共享集群模式的三个优点。
4. 简述分布式计算领域的资源调度策略。
5. 简述 YARN 的工作机制。

第 14 章

综合实践：在OpenStack平台上搭建Hadoop并进行数据分析

为了有效地演示实验，更好地使理论与实验相结合，这里采用的是 OpenStack 搭建一个模拟的云平台环境，并在上面搭建大数据分析平台 Hadoop，很好地结合了云计算与大数据的概念。

14.1 OpenStack 简介

OpenStack 是一个旨在为公共及私有云的建设与管理提供软件的开源项目。为了有效地支撑公有云建设，OpenStack 提供如下几个服务。

(1) 基本服务：Dashboard Horizon 提供了一个基于 Web 的自服务门户，与 OpenStack 底层服务交互，诸如启动一个实例，分配 IP 地址以及配置访问控制。Compute Nova 在 OpenStack 环境中计算实例的生命周期管理。按需响应包括生成、调度、回收虚拟机等操作。Networking Neutron 确保为其他 OpenStack 服务提供网络连接即服务，比如 OpenStack 计算。为用户提供 API 定义网络和使用。基于插件的架构支持众多的网络提供商和技术。

(2) 存储服务：Object Storage Swift 是一种可伸缩的对象存储系统，使用 Rest API 接口来访问数据。它拥有高容错机制，基于数据复制和可扩展架构。通过多次备份数据以及数据的自动修复，可以保证数据的稳定。Block Storage Cinder 为运行实例而提供持久性块存储。它的可插拔驱动架构的功能有助于创建和管理块存储设备。

(3) 共享服务：Identity service Keystone 为其他 OpenStack 服务提供认证和授权服务，为所有的 OpenStack 服务提供一个端点目录。Image service Glance 存储和检索虚拟机磁盘镜像，OpenStack 计算会在实例部署时使用此服务。

这几大服务需要安装在不同的服务器节点上,安装方案一般如图 14-1 所示,分为控制器节点、计算节点、块存储节点和对象存储节点等几部分,每个节点将安装在独自的服务器上。值得注意的是,控制节点和计算节点都需要两个 NIC(Networking Interface,也就是说需要两个网卡,一个负责对客户端开放,另一个用来管理 OpenStack 自身的服务)。

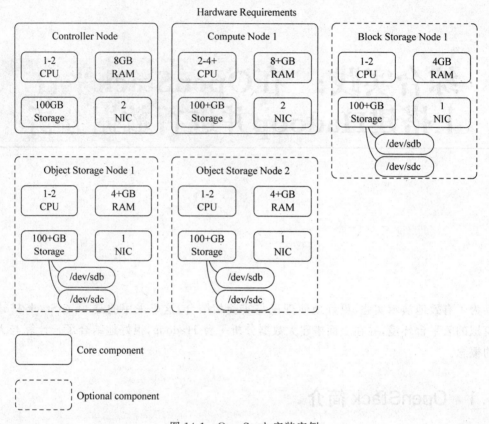

图 14-1 OpenStack 安装实例

14.2 OpenStack 的安装及配置

为了简化以及演示实验的效果,该处实验配置可以在本地机器上运行,实际生产环境中的 OpenStack 配置及部署会不同,需要有性能等多方面的考虑。本地机器上运行的是 CentOS 7 系统。

14.2.1 OpenStack 安装准备

1. 安装 VirtualBox

从 https://www.virtualbox.org/wiki/Linux_Downloads 下载 CentOS 7 版本的 VirtualBox RPM 包文件。

2. 安装 VirtualBox 扩展包

从地址 http://download.virtualbox.org/virtualbox/5.1.26/Oracle_VM_VirtualBox_

Extension_Pack-5.1.26-117224.vbox-extpack 下载 VirtualBox 5.1.26 Oracle VM VirtualBox Extension Pack，下载完成之后，双击安装即可。

3. 下载 Mirantis OpenStack（MOS）镜像

从 https://www.mirantis.com/software/openstack/download/下载 Mirantis OpenStack（MOS）镜像，如图 14-2 所示。

图 14-2 下载 Mirantis OpenStack（MOS）镜像

4. 下载 VirtualBox scripts

本文件是 Linux 下 VirtualBox 自动安装 MOS 的脚本，脚本中默认的配置如图 14-3 所示，其中，fuel-master 安装 fuel，三个 slave 节点负责安装 OpenStack 相关服务，分别将被作为 Controller、Compute、Clinder 三个功能节点。

图 14-3 脚本的默认配置

单击 VIRTUALBOX SCRIPTS 下载即可,如图 14-4 所示。

图 14-4　MOS 自动安装脚本

至此准备阶段结束。

14.2.2　OpenStack 在线安装

(1) 依据硬件条件,选择不同的安装脚本。

```
8GB RAM -> launch.sh
16GB RAM -> launch_8GB.sh
```

(2) 运行脚本,进行 fuel 的全自动安装。

① 在终端中打开 VirtualBox Scripts 所在目录。

② 依据上一步的选择的脚本,在终端中输入: ./launch.sh 或者. /launch_8GB.sh。

(3) 正式安装过程。

如图 14-5 所示为安装过程的效果截图。

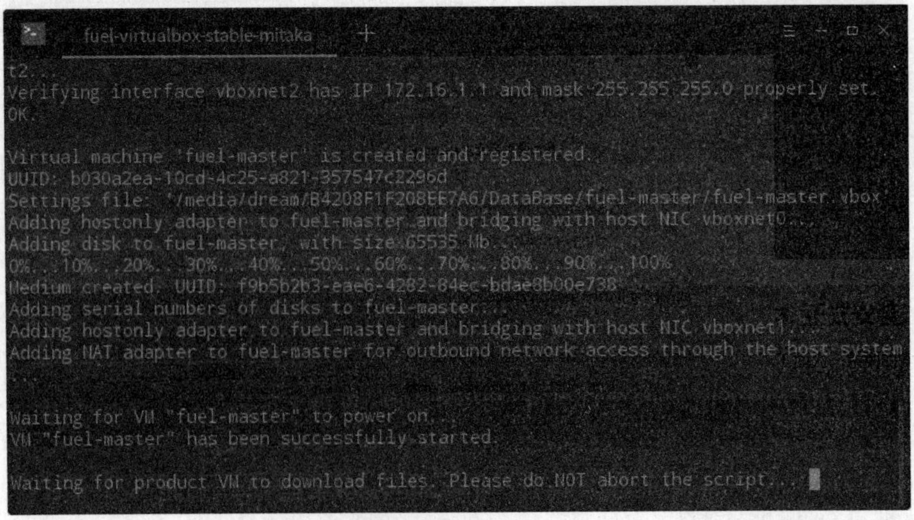

图 14-5　安装过程 1

同时会弹出 VirtualBox 的运行窗口，如图 14-6～图 14-8 所示。

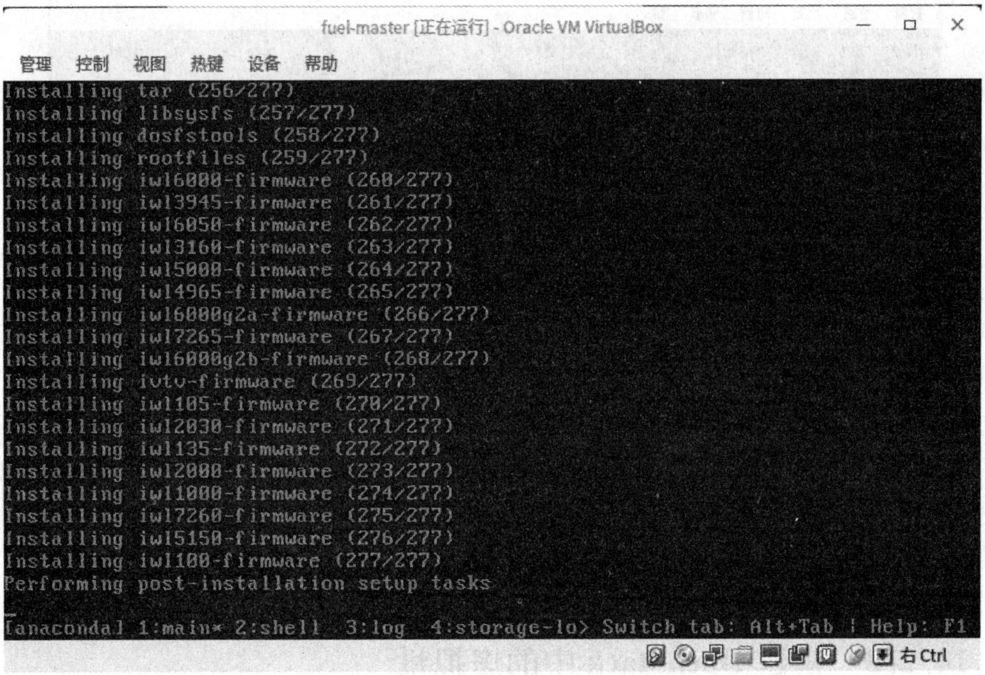

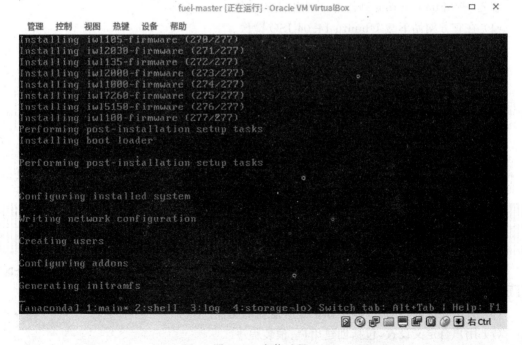

图 14-6　安装过程 2

图 14-7　安装过程 3

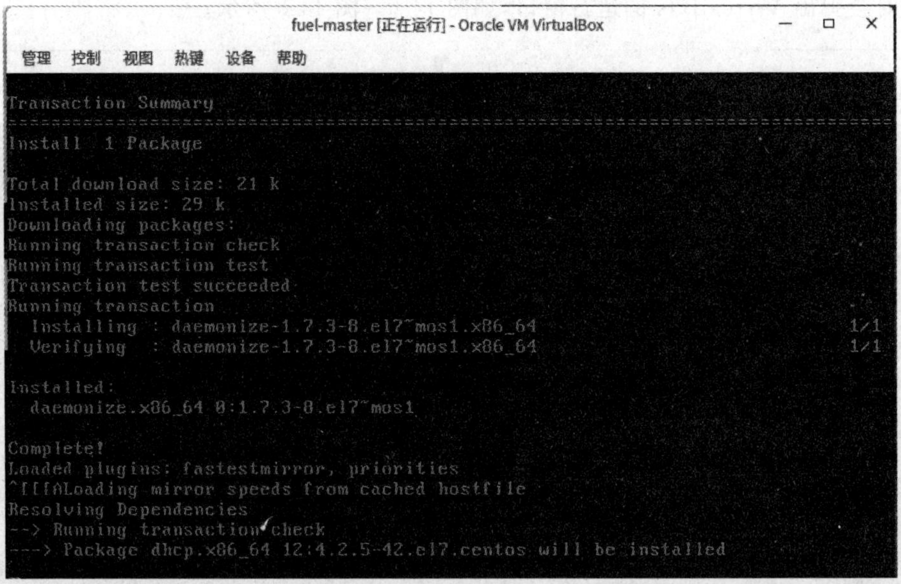

图 14-8　安装过程 4

14.2.3　搭建 OpenStack 中的虚拟机

在安装完成 OpenStack 之后,还需要搭建第二层的虚拟机,而这就需要 Dashboard 和 Glance 两个服务了。

首先,使用 qmenu-img 制作 qcow2 格式的镜像。

(1) 在官方网站下载 Ubuntu 14.04 ISO 镜像。

(2) 使用 qemu-img 工具创建一个虚拟硬盘: qemu-img create -f qcow2 /tmp/trusty. qcow2 10G。

(3) 以 ISO 文件作为 cdrom,qcow2 文件作为第一块虚拟硬盘,启动虚拟机:

```
virt - install -- virt - type kvm -- name trusty -- ram 1024 \
-- cdrom = /data/isos/trusty - 64 - mini. iso \
-- disk /tmp/trusty. qcow2, format = qcow2 \
-- network network = default \
-- graphics vnc, listen = 0. 0. 0. 0 -- noautoconsole \
-- os - type = linux -- os - variant = ubuntutrusty
```

(4) 进入安装界面,进行相关配置,比如时区、键盘映射、语言等。

(5) 安装程序会识别虚拟机的虚拟硬盘,即 qcow2 文件,映射为/dev/vda,并进入分区引导界面。

(6) 分区完成后,开始复制操作系统所需要的文件。

(7) 用户自定义设置,包括创建用户、预装程序。

(8) 安装 grub 引导程序,退出重启,此时操作系统已经安装到 qcow2 虚拟硬盘中。

(9) 从硬盘启动,进入虚拟机,安装 cloud-init、growpart、qemu-guest-agent 等工具。

（10）删除虚拟机，只需要保留 qcow2 虚拟硬盘文件，镜像制作完成。

（11）上传 qcow2 到 glance 中即可。

然后，从 Dashboard 中启动镜像。

主要有以下三种启动方式。

（1）从 image 启动（boot from image）；

（2）从 volume 卷启动（boot from volume）；

（3）从 image 启动并挂载一个 volume 空白卷（Boot instance from image and attach non-bootable volume）。

14.3 大数据环境安装

在安装完 OpenStack 并安装 OpenStack 之上的虚拟机镜像之后，在上面搭建大数据分析平台。

当前的大数据分析任务主要采用 Hadoop 和 Spark 相结合的方式作为运行平台，其中，Spark 利用 HDFS 作为大数据分析输入源以及利用 YARN 作为 Spark 分析任务的资源调度器。本章主要为了从实践的角度讲述如何结合大数据分析工具进行大数据分析，所讲解的例子既可以使用 Hadoop，也可以使用 Spark，因为相关的函数调用上述两种大数据系统都可以实现。为了不再增加部署 Spark 的麻烦，本章实践部分主要采用 Hadoop 作为运行环境，操作系统环境为 CentOS 7.2，所以下面讲述 Hadoop 的安装。

14.3.1 Java 安装

Hadoop 是一个大数据分析框架，集成了分布式文件系统 HDFS、分布式资源调度系统 YARN 以及分布式计算框架 MapReduce。Hadoop 主要采用 Java 语言编写，运行在 Java 虚拟机上面。所以为了运行 Hadoop，需要在所有运行 Hadoop 的机器上安装 Java。CentOS 7.2 自带 OpenJDK，但是为了更好地调试以及开发，建议采用 Oracle 的 JDK 工具包。具体下载地址为：http://www.oracle.com/technetwork/java/javase/downloads/index.html。

这里下载的是 JDK 1.8.0，解压 JDK 到指定目录并更改环境变量。安装配置 Java 采用具体命令如下。

```
tar xvf /mnt/disk1/user/software/jdk-8u101-linux-x64.tar.gz -C /usr/lib/jvm

export JAVA_HOME=/usr/lib/jvm/jdk1.8.0_101/  # 添加改行到/etc/profile文件中
```

或者采用如下配置符号链接方式安装 Java，具体命令如下。

```
sudo update-alternatives --install /usr/bin/java java /usr/lib/jvm/jdk1.8.0_101/bin/java
1000                # 安装 java 命令符号链接
sudo update-alternatives --install /usr/bin/javac javac /usr/lib/jvm/jdk1.8.0_101/bin/
javac 1000          # 安装 javac 命令符号链接
```

```
sudo update – alternatives –– install /usr/bin/jps jps /usr/lib/jvm/jdk1.8.0_101/bin/jps
1000        #安装 jps 命令符号链接
sudo update – alternatives –– install /usr/bin/jar jar /usr/lib/jvm/jdk1.8.0_101/bin/jar
1000        #安装 jar 命令符号链接
```

输入如下命令测试 Java 安装是否成功。

```
java – version
```

输出如图 14-9 所示，表示 Java 安装成功。

```
[     ]$ java -version
java version "1.8.0_101"
Java(TM) SE Runtime Environment (build 1.8.0_101-b13)
Java HotSpot(TM) 64-Bit Server VM (build 25.101-b13, mixed mode)
[     ]$
```

图 14-9　Java 安装验证

14.3.2　Hadoop 安装

接下来就是安装 Hadoop 运行环境。从 Hadoop 官网上下载 Hadoop 的软件包，这里以 Hadoop-2.7.3 为运行环境，具体下载地址为：https://archive.apache.org/dist/hadoop/core/。

执行解压命令，解压到具体的目录：

```
tar xvf /home/user/hadoop – 2.7.3. tar.gz – C opt
```

操作的命令如图 14-10 所示。

```
[     112 –]$ tar xvf /home/.     /hadoop-2.7.3.tar.gz -C opt
```

图 14-10　Hadoop 安装

本章为了实验演示的需要，所以采用 Hadoop 集群安装的方式，其中集群的安装可以使用多台真实物理服务器，也可以使用虚拟机安装多个 Linux 系统虚拟机来实践多节点集群环境，其中，虚拟机集群安装方式跟多台真实物理环境类似，不同之处是虚拟机环境中需要设置网络，保证多台虚拟机之间可以网络 SSH 连接。本章实验这里有三台真实的物理服务器，所以采用真实物理节点集群环境安装。为了达到 Hadoop 集群环境安装，需要更改配置文件，具体需要配置 HDFS 集群和 YARN 集群信息，包括 NameNode、DataNode 等端口信息。集群节点配置如下。

```
NameNode: dell118
DataNode: dell118,dell119,dell120
ResourceManager: dell118
NodeManager: dell118,dell119,dell120
```

其中，dell118、dell119、dell120 为主机的名字。

图 14-11～图 14-13 是当前的各个配置文件信息。

```
<!-- Put site-specific property overrides in this file. -->

<configuration>
    <property>
        <name>hadoop.tmp.dir</name>
        <value>file:/home/;     :/opt/hadoop/tmp</value>
        <description>Abase for other temporary directories.</description>
    </property>
    <property>
        <name>fs.defaultFS</name>
        <value>hdfs://dell118:9000</value>
    </property>
</configuration>
```

图 14-11　core-site.xml 配置文件

```
<!-- Put site-specific property overrides in this file. -->

<configuration>
<property>
        <name>dfs.replication</name>
        <value>3</value>
    </property>
    <property>
        <name>dfs.namenode.secondary.http-address</name>
        <value>dell118:50090</value>
    </property>
    <property>
        <name>dfs.namenode.name.dir</name>
        <value>file:/home/;     :'opt/hadoop/tmp/dfs/name</value>
    </property>
    <property>
        <name>dfs.datanode.data.dir</name>
        <value>file:/home/;     :'opt/hadoop/tmp/dfs/data</value>
    </property>

</configuration>
```

图 14-12　hdfs-site.xml

```
<configuration>
<!-- Site specific YARN configuration properties -->
    <property>
        <name>yarn.resourcemanager.address</name>
        <value>dell118:8032</value>
    </property>

    <property>
        <name>yarn.resourcemanager.scheduler.address</name>
        <value>dell118:8030</value>
    </property>

    <property>
        <name>yarn.resourcemanager.resource-tracker.address</name>
        <value>dell118:8035</value>
    </property>
    <property>
        <name>yarn.resourcemanager.admin.address</name>
        <value>dell118:8033</value>
    </property>

    <property>
        <name>yarn.resourcemanager.webapp.address</name>
        <value>dell118:8088</value>
    </property>

    <property>
        <name>yarn.nodemanager.aux-services</name>
        <value>mapreduce_shuffle</value>
    </property>

    <property>
        <name>yarn.nodemanager.aux-services.mapreduce.shuffle.class</name>
        <value>org.apache.hadoop.mapred.ShuffleHandler</value>
    </property>
</configuration>
```

图 14-13　yarn-site.xml

执行如下命令,如图 14-14 所示,格式化 HDFS 文件系统。

启动 Hadoop 集群,如图 14-15 所示。

```
          hadoop]$ ./bin/hdfs namenode -format
```
图 14-14　格式化 HDFS 文件系统

```
          hadoop]$ ./sbin/start-all.sh
```
图 14-15　启动 Hadoop 集群

查看 Hadoop 集群系统状态,如图 14-16 所示。

```
            hadoop]$ ./bin/hdfs dfsadmin -report
17/03/19 10:46:12 WARN util.NativeCodeLoader: Unable to load native-hadoop
Configured Capacity: 3296924270592 (3.00 TB)
Present Capacity: 3191497118443 (2.90 TB)
DFS Remaining: 3187799335659 (2.90 TB)
DFS Used: 3697782784 (3.44 GB)
DFS Used%: 0.12%
Under replicated blocks: 0
Blocks with corrupt replicas: 0
Missing blocks: 0
Missing blocks (with replication factor 1): 0

-------------------------------------------------
Live datanodes (3):
```
图 14-16　HDFS 集群状态

HDFS 集群状态如图 14-17 所示。

Hadoop　Overview　Datanodes　Datanode Volume Failures　Snapshot　Startup Progress　Utilities

Overview 'dell118:9000' (active)

Started:	Sun Feb 26 14:51:49 CST 2017
Version:	2.7.3, rbaa91f7c6bc9cb92be5982de4719c1c8af91ccff
Compiled:	2016-08-18T01:41Z by root from branch-2.7.3
Cluster ID:	CID-921fe0bd-abe7-4a53-a251-b5ac60dba346
Block Pool ID:	BP-196363775-127.0.0.1-1487923429776

图 14-17　HDFS 集群信息网页显示

YARN 集群状态显示如图 14-18 所示。

Cluster Metrics

Apps Submitted	Apps Pending	Apps Running	Apps Completed	Containers Running	Memory Used	Memory Total	Memory Reserved	VCores Used	VCores Total	VCores Reserved	Active Nodes	Decommissioned Nodes	Lost Nodes	Unhealthy Nodes	Rebooted Nodes
25	0	0	25	0	0 B	24 GB	0 B	0	24	0	3	0	0	0	0

Scheduler Metrics

Scheduler Type	Scheduling Resource Type	Minimum Allocation	Maximum Allocation
Capacity Scheduler	[MEMORY]	<memory:1024, vCores:1>	<memory:8192, vCores:8>

Show 20 entries　　　　　　　　　　　　　　　　　　　　　　　　Search:

ID	User	Name	Application Type	Queue	StartTime	FinishTime	State	FinalStatus	Progress	Tracking UI	Blacklisted Nodes
application 1488091925119 0025	yangyaru	traffic statistics	MAPREDUCE	default	Sun Mar 19 09:17:38 +0800 2017	Sun Mar 19 09:17:53 +0800 2017	FINISHED	SUCCEEDED		History	N/A
application 1488091925119 0024	yangyaru	traffic statistics	MAPREDUCE	default	Sun Mar 19 09:00:22 +0800 2017	Sun Mar 19 09:00:38 +0800 2017	FINISHED	SUCCEEDED		History	N/A
application 1488091925119 0023	yangyaru	shop count	MAPREDUCE	default	Sat Mar 18 21:38:09 +0800 2017	Sat Mar 18 21:38:22 +0800 2017	FINISHED	SUCCEEDED		History	N/A

图 14-18　YARN 集群网页显示信息

14.4 大数据分析案例

前面讲述了如何安装和部署 Hadoop 环境，下面从几个案例来具体说明 Hadoop 在大数据分析中的应用，具体包括日志分析、电商购买记录分析和交通流量分析。

14.4.1 日志分析

大规模系统每天会产生大量的日志，日志是企业后台服务系统的重要组成部分，企业每天通过日志分析监控可以及时地发现系统运行中出现的问题，从而尽量将损失减小到最少。由于企业中的日志数据一般规模比较庞大，需要 Hadoop 这样的大数据处理系统来处理大量的日志。

下面以一个运行一段时间的 Hadoop 集群产生的日志文件为例来说明使用 Hadoop 来进行日志分析的过程。现在我们有 Hadoop 运行的日志文件，需要找出 WARN 级别的日志记录信息，输出结果信息包括日志文件中的行号和日志记录内容。

该问题的解决方法是采用类似 Grep 的方法，在 Map 阶段对输入的每条日志记录匹配查找，如果有匹配关键字 WARN，则产生<行号，记录内容>这样的 key-value 键值对；在 Reduce 阶段，则基本不采取任何操作，只是把所有的 key-value 键值对输出到 HDFS 文件中。

其中，关键部分代码如图 14-19 所示。

```java
public static class MyMapper extends Mapper<LongWritable, Text, LongWritable, Text> {
    public void map(LongWritable linenumber, Text line, Context context)
        throws IOException, InterruptedException {
        String pattern = context.getConfiguration().get("grep");

        String linecontent = line.toString();
        if (linecontent.indexOf(pattern) == -1) {
            return ;
        }

        context.write(linenumber, line);
    }
}

public static class MyReducer extends Reducer<LongWritable, Text, LongWritable, Text> {
    public void reduce(LongWritable linenumber, Iterable<Text> line, Context context)
        throws IOException, InterruptedException {
        for (Text element : line) {
            context.write(linenumber, element);
        }
    }
}
```

图 14-19 Map 和 Reduce 关键代码

详细完整的代码和数据可以从 GitHub 上下载（https://github.com/bdintro/bdintro.git）。

编译源代码采用 mvn package 的方式，测试数据为 hadoop-user-datanode-dell119.log.zip。

在测试之前先把对应数据上传到 HDFS 集群中，把使用 mvn package 编译好的 jar 文件复制到 Hadoop 集群节点上，当前测试为复制到 dell119 机器上。

启动如图 14-20 所示命令,执行日志分析任务。

```
./bin/hdfs dfs          /user/root/log/output
./bin/hadoop jar /home/qzhong/bigdata-0.0.1.jar \
              bigdata.bigdata.Grep
              WARN
              /user/root/log/input/hadoop-yangyaru-datanode-dell119.log \
              /user/root/log/output
```

图 14-20　日志分析任务命令

运行结果图 14-21 所示,图中左边是原始日志文件中对应 WARN 记录的行号,右边是对应 WARN 级别日志记录的具体内容。

```
409104  2017-02-24 04:05:46,056 WARN org.apache.hadoop.hdfs.server.datanode.DataNode: Problem connecting to server:
411577  2017-02-24 04:06:01,064 WARN org.apache.hadoop.hdfs.server.datanode.DataNode: Problem connecting to server:
414050  2017-02-24 04:06:16,071 WARN org.apache.hadoop.hdfs.server.datanode.DataNode: Problem connecting to server:
416523  2017-02-24 04:06:31,079 WARN org.apache.hadoop.hdfs.server.datanode.DataNode: Problem connecting to server:
418996  2017-02-24 04:06:46,086 WARN org.apache.hadoop.hdfs.server.datanode.DataNode: Problem connecting to server:
421469  2017-02-24 04:07:01,093 WARN org.apache.hadoop.hdfs.server.datanode.DataNode: Problem connecting to server:
423942  2017-02-24 04:07:16,100 WARN org.apache.hadoop.hdfs.server.datanode.DataNode: Problem connecting to server:
426415  2017-02-24 04:07:31,108 WARN org.apache.hadoop.hdfs.server.datanode.DataNode: Problem connecting to server:
452961  2017-02-24 04:17:55,462 WARN org.apache.hadoop.hdfs.server.datanode.DataNode: IOException in offerService
531203  2017-02-24 06:26:37,584 WARN org.apache.hadoop.hdfs.server.datanode.DataNode: IOException in offerService
605792  2017-02-24 07:26:16,723 WARN org.apache.hadoop.hdfs.server.datanode.DataNode: IOException in offerService
630880  2017-02-24 08:03:22,833 WARN org.apache.hadoop.hdfs.server.datanode.DataNode: IOException in offerService
733149  2017-02-25 22:49:15,269 WARN org.apache.hadoop.hdfs.server.datanode.DataNode: IOException in offerService
773075  2017-02-26 01:51:24,215 WARN org.apache.hadoop.hdfs.server.datanode.DataNode: IOException in offerService
```

图 14-21　部分运行结果

14.4.2　电商购买记录分析

当前电子商务快速发展,大量的用户开始在网上进行购物。各大电商为了更好地给用户推荐商品,会将用户的购买行为记录下来。电商平台存储了大量用于挖掘产生价值的数据,单台物理服务器无法完成分析大量数据的任务,因此需要部署大规模大数据分析系统来完整电商购买记录分析。

下面是一个电商平台的部分用户购买记录数据,利用上述搭建的简易的 Hadoop 运行平台,分析得出每个商家每天的成交量信息。购买记录为一个 CSV 格式文件,数据的格式为<用户 ID,商家 ID,日期,时间>,前面三个字段采用逗号分隔,最后面的一个字段采用空格分隔,部分数据格式如图 14-22 所示。

```
17979133,1912,2015-09-05 19:00:00
9433060,1912,2016-05-17 16:00:00
9433060,1912,2016-07-08 15:00:00
18217952,1912,2016-05-08 14:00:00
5950380,1912,2015-11-15 16:00:00
5950380,1912,2015-11-19 22:00:00
5950380,1912,2015-12-02 20:00:00
5950380,1912,2015-12-03 17:00:00
5950380,1912,2015-11-13 20:00:00
5950380,1912,2015-11-28 20:00:00
13112921,1912,2016-02-06 18:00:00
```

图 14-22　电商数据示意图

采用 Hadoop 的 MapReduce 来进行商家每天的成交量分析。在 Map 阶段对于每个输入的购买记录信息分隔,产生 key 为<商家 ID,日期>和 value 为 1 的键值对;在 Reduce 阶段对于相同的 key <商家 ID,日期>的进行合并。

关键代码如图 14-23 所示。

完整的代码可以在 GitHub 上下载(https://github.com/bdintro/bdintro.git)。测试数据为 shop.txt.zip。

在测试之前需要先上传 shop.txt 文件到 HDFS 集群中,利用 mvn package 生成的 jar 文件,执行如下命令,如图 14-24 所示。

```
public static class MyMapper extends Mapper<Object, Text, Text, IntWritable> {
    public void map(Object key, Text value, Context context)
                throws IOException, InterruptedException{
        String[] words = value.toString().split(" ");
        if (words.length != 2) return ;
        String[] infos = words[0].split(",");
        String outkey = infos[1] + "," + infos[2];

        context.write(new Text(outkey), new IntWritable(1));
    }
}

public static class MyReducer extends Reducer<Text, IntWritable, Text, IntWritable> {
    private static IntWritable result = new IntWritable();

    public void reduce(Text key, Iterable<IntWritable> values, Context context)
            throws IOException, InterruptedException {
        int sum = 0;
        for (IntWritable element : values) {
            sum += element.get();
        }
        result.set(sum);
        context.write(key, result);
    }
}
```

图 14-23　商家成交信息 Map 和 Reduce 关键代码

```
h

./bin/hdfs dfs        /user/root/shop/output

./bin/hadoop jar /home/q    :/bigdata-0.0.1.jar  \
                 bigdata.bigdata.ShopPerDay  \
                 /user/root/shop/input/shop.txt  \
                 /user/root/shop/output
```

图 14-24　执行商家成交信息分析命令

运行结果如图 14-25 所示。

```
613,2016-08-20  309
613,2016-08-21  338
613,2016-08-22  243
613,2016-08-23  206
613,2016-08-24  245
613,2016-08-25  217
613,2016-08-26  234
613,2016-08-27  331
613,2016-08-28  339
613,2016-08-29  214
613,2016-08-30  236
613,2016-08-31  262
613,2016-09-01  193
613,2016-09-02  235
613,2016-09-03  310
613,2016-09-04  349
613,2016-09-05  184
613,2016-09-06  226
```

图 14-25　部分商家成交统计信息

14.4.3　交通流量分析

现在车辆迅速增多，交通产生了大量的数据。为了有效地减少交通事故以及减少交通拥堵时间，需要有效地利用交通数据进行海量数据分析。

现在有交通违规的数据信息，需要找出每天的交通违规数据总的统计信息。交通流量的数据是 csv 格式文件，详细的交通流量数据格式描述如网站所述（https://www.kaggle.com/jana36/us-traffic-violations-montgomery-county-polict），采用 MapReduce 的方式来解决上述问题。在 Map 阶段,产生<日期,1>这样的 key-value 键值对;在 Reduce 阶段,对相同的日期做总数相加统计操作。

对应的关键代码如图 14-26 所示。

```
public static class MyMapper extends Mapper<Object, Text, Text, IntWritable> {
    public void map(Object obj, Text line, Context context)
        throws IOException, InterruptedException {
        String[] words = line.toString().split(",");
        if (words.length == 0 || words[0] == null || words[0].charAt(0) > '9' ||
                                  words[0].charAt(0) < '0')
            return ;

        context.write(new Text(words[0]), new IntWritable(1));
    }
}

public static class MyReducer extends Reducer<Text, IntWritable, Text, IntWritable> {
    private static IntWritable result = new IntWritable();

    public void reduce(Text key, Iterable<IntWritable> values, Context context)
        throws IOException, InterruptedException {
        int sum = 0;
        for (IntWritable element : values) {
            sum += element.get();
        }

        result.set(sum);
        context.write(key, result);
    }
}
```

图 14-26　交通违规统计关键部分代码

完整的代码可以从 GitHub 上下载(https://github.com/bdintro/bdintro.git),测试数据为 Traffic_Violations.csv.zip。采用 maven 方式编译运行的 jar 文件,方式和上述的日志分析、电商购买记录分析类似。

为了执行分析任务,执行如下命令,如图 14-27 所示。

```
#!/bin/bash

./bin/hdfs dfs -rm -R /user/root/traffic/output

./bin/hadoop jar /home/r   ..../bigdata-0.0.1.jar \
                 bigdata.bigdata.TrafficTotal \
                 /user/root/traffic/input/Traffic_Violations.csv \
                 /user/root/traffic/output
```

图 14-27　交通违规任务分析命令

执行结果如图 14-28 所示。

```
12/27/2013    527
12/27/2014    462
12/27/2015    452
12/28/2012    409
12/28/2013    519
12/28/2014    335
12/28/2015    425
12/29/2012    326
12/29/2013    388
12/29/2014    444
12/29/2015    484
12/30/2012    300
12/30/2013    562
12/30/2014    678
12/30/2015    757
12/31/2012    386
12/31/2013    573
12/31/2014    536
12/31/2015    902
```

图 14-28　交通违规任务执行部分结果

参 考 文 献

[1] 张俊林.大数据日知录[M].北京：电子工业出版社,2014.
[2] 杨巨龙.大数据技术全解[M].北京：电子工业出版社,2014.
[3] 黄宜华.深入理解大数据[M].北京：机械工业出版社,2014.
[4] 赵刚.大数据技术与应用实践指南[M].北京：电子工业出版社,2013.
[5] 李军.大数据从海量到精准[M].北京：清华大学出版社,2014.
[6] 陈工孟.大数据导论[M].北京：清华大学出版社,2015.
[7] 汤银才.R语言与统计分析[M].北京：电子工业出版社,2012.
[8] 吕云翔,钟巧灵,衣志昊.大数据基础及应用[M].北京：清华大学出版社,2017.
[9] 吕云翔,张璐,王佳玮.云计算导论[M].北京：清华大学出版社,2017.

图书资源支持

感谢您一直以来对清华版图书的支持和爱护。为了配合本书的使用，本书提供配套的资源，有需求的读者请扫描下方的"书圈"微信公众号二维码，在图书专区下载，也可以拨打电话或发送电子邮件咨询。

如果您在使用本书的过程中遇到了什么问题，或者有相关图书出版计划，也请您发邮件告诉我们，以便我们更好地为您服务。

我们的联系方式：

地　　址：北京海淀区双清路学研大厦 A 座 707

邮　　编：100084

电　　话：010－62770175－4604

资源下载：http://www.tup.com.cn

电子邮件：weijj@tup.tsinghua.edu.cn

QQ：883604(请写明您的单位和姓名)

用微信扫一扫右边的二维码，即可关注清华大学出版社公众号"书圈"。

资源下载、样书申请

书圈